地震と津波

—メカニズムと備え

日本科学者会議 編

本の泉社

はじめに

二〇一一年三月一一日一四時四六分、三陸沖で発生した大地震は、東北日本の太平洋沿岸地域に甚大な被害を生じさせました。その被害の多くはマグニチュードM9・0という最大級の地震による未曾有の巨大津波がもたらしたものでした。全国の人びとは、津波が「高い波というより速い流れ」であることを、テレビ映像などでまざまざと目の当たりにしました。

今回の震災については「想定外」という言葉が氾濫しました。夏目漱石の弟子でありすぐれた物理学者であった寺田寅彦は、随筆「津浪と人間」のなかで「自然は過去の習慣に忠実である」と明言しています。自然には「想定外」はあり得ません。日本の国土の地底には過去の大震災の痕跡が残っていて、地道に調査を進めていた研究者から警鐘が鳴らされていました。しかしそれは生かされなかったのです。福島原発事故は明白な人災でしたが、巨大津波による大災害も決して「想定外」ではなく、あと一歩で未然に防げたのです。

昨年一〇月の日本地震学会では、巨大地震をなぜ予測できなかったのかなど、専門家みずからがこれまでの研究を問い直すシンポジウムが開かれ、研究の姿勢や社会とのかかわり方について反省や批判の声が相次ぎました。シンポジウムを主催した委員会の委員長で本書にも執筆されている鷺谷威氏は、「ここで地震学が変わらなければ未来はないというくらいの危機感をもっている。今後の議論によって問題点を洗い出したい」と語っています。

日本科学者会議（JSA）は、文系・理系などの学問分野の壁を越え、日本の科学の自主的・総合的発展を願って活動している全国組織です。JSAは、「専門外の読者にも容易に理解できること」をモットーにする月刊の総合学術雑誌『日本の科学者』を発行しています。同雑誌の二〇一一年一一月号で「東北地方太平洋沖地震と巨大津波」の特集を組み、文字どおり第一線で活躍されている研究者の方々による東日本大震災の地震と津波のメカニズム、「想定外」問題、地震と原発事故など、本質をついた力作である四論文を掲載し好評でした。この四論文の文体を「です・ます調」に変えて本書に採録しました。

そして序章として、今回の地震と今後の地震研究者・防災研究者の課題についての概略を山崎文人氏、次いで、超巨大地震と津波についての分かりやすい基本的な解説と、予測されるさらなる巨大地震とその災害について古本宗充氏にご執筆いただきました。

地震と津波による甚大な被害に苦しんでいる東北各地の方々のご苦労は、あすはわが身のことであり、震災に対してどのような防災対策をすべきかについて、具体的でわかりやすく、すぐ役に立つノウハウを長年防災問題に取り組んでこられた千代崎一夫氏と山下千佳氏に執筆していただきました。コンビナートの危険性についても簡単にまとめました。

３・11を境に各地で地震が激増、今後、日本列島全体の地震の危険性がいっそう高まってくるといわれています。文部科学省は、地震研究の基本計画を見直し、これまで対象外だったマグニチュードＭ９・０級の巨大地震の研究を重点的に取り組むなど、連動型の巨大地震への研究強化に乗り出しました。また、中央防災会議も、新たな巨大地震モデルを踏まえて、南海トラフの巨大地震の被害想定を今夏までに公表するとしています。首都直下型地震や液状化、長周期振動、共振などの問題も大きくクローズアップされてきています。

このようななかで、今回の地震と津波に関する諸問題を明らかにし、「地震」「津波」「防災」について総合的にまとめた本書は、他に類書のないものと自負しています。読者のみなさまのこれからの防災に役立てばこれに過ぎる喜びはありません。

本稿に続いてコラム欄を設け、地震・津波のメカニズムの理解に役立つ日本列島を囲むプレートの図、津波発生の図、アスペリティの概念図、地震を引き起こす正断層・逆断層・横ずれ断層の図を掲載、巻末には読者の便宜に資するための「用語解説」「索引」を掲載しました。なお、本文中の注）は脚注、引）は引用文献の掲載を表し、用）は巻末の「用語解説」、Ｈ）は「ＨＰリスト」をご参照いただきたいことを示しています。

（編集責任者　牛田　憲行）

地震を発生させる日本列島周辺のプレート

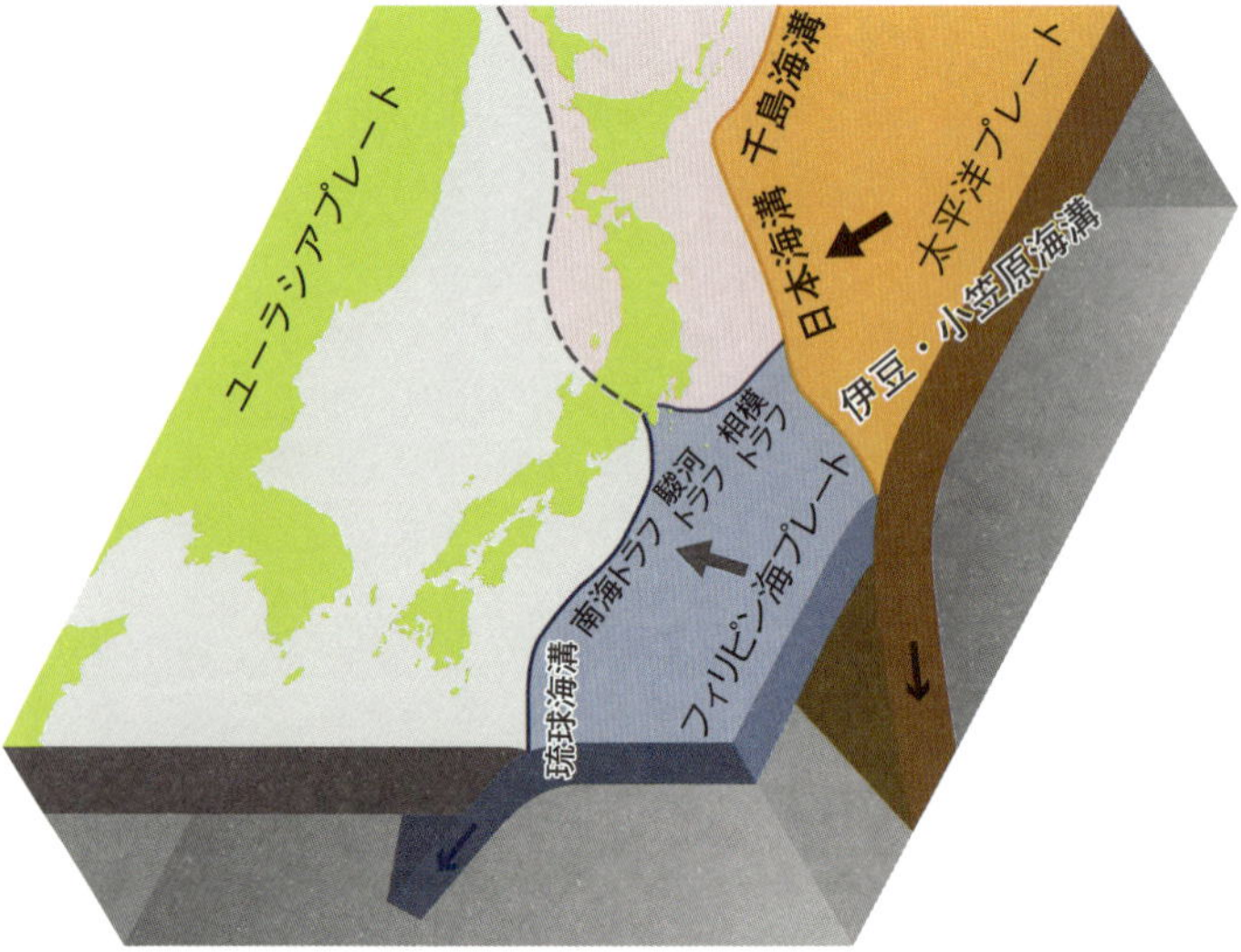

日本列島は，四つのプレートが相互に接する地域に位置し，それらの境界で千島海溝，日本海溝，伊豆・小笠原海溝，相模トラフ，駿河トラフ，南海トラフが形成されている．さらに九州の南方からは，琉球海溝へと続く一連の沈み込み境界がある．水深 6 千メートルを超える大洋底の細長い凹所を海溝，海溝ほど急でない細長い盆状の地形をトラフという．ともに海洋プレートが沈み込む場所であり，プレートの進行速度は年間数センチ程度である．

津波が起こるメカニズム

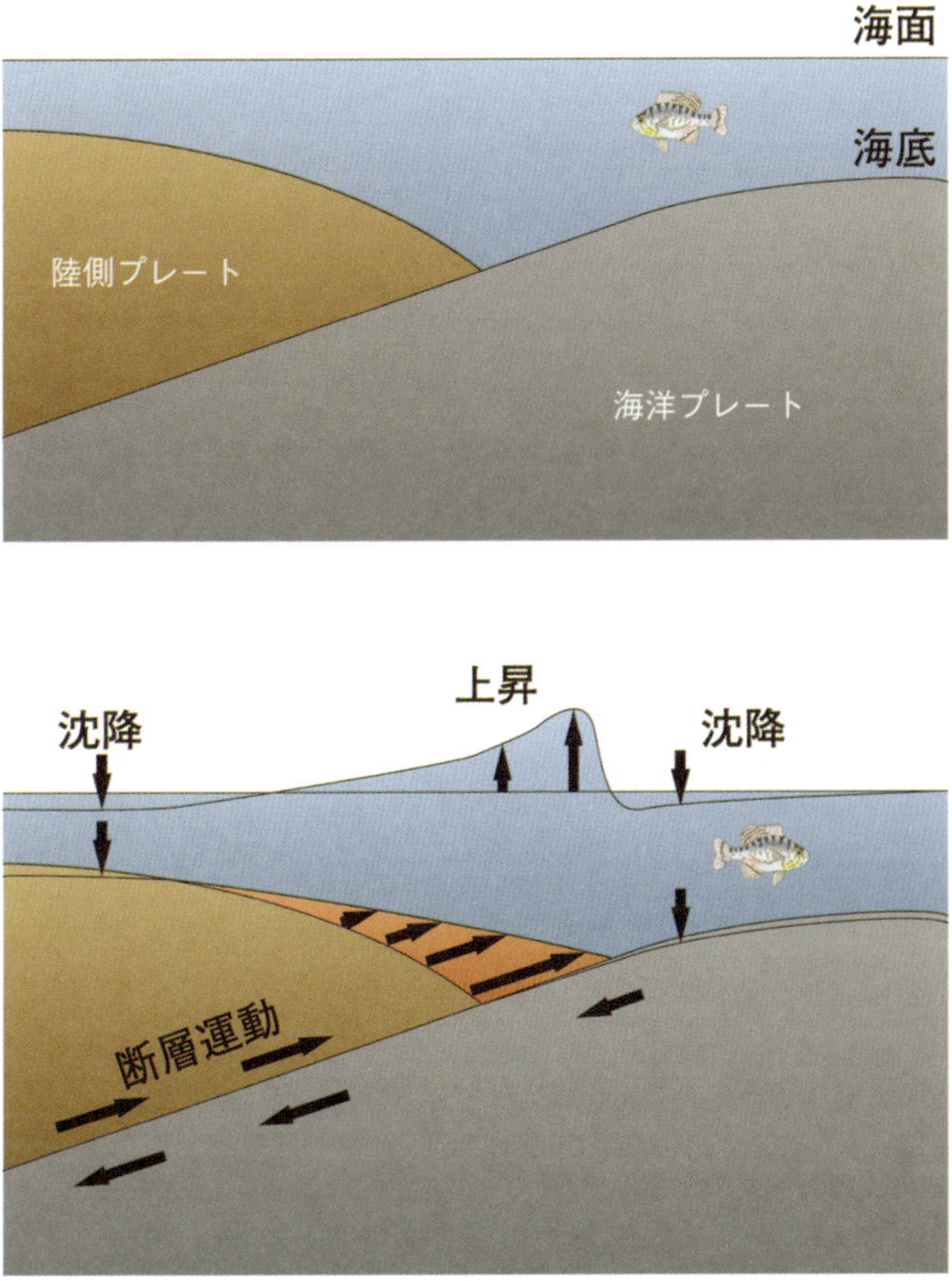

海底でプレート境界地震が発生したとき，地震とともに陸側のプレートが跳ね上がり，海底が大きく隆起する．海底の隆起が海水に伝わり，海面が急に盛り上がる．盛り上がった海面は重力の作用で元の状態に戻ろうとして，上下運動を繰り返し，そこから周辺に津波が広がっていく．

アスペリティの概念図

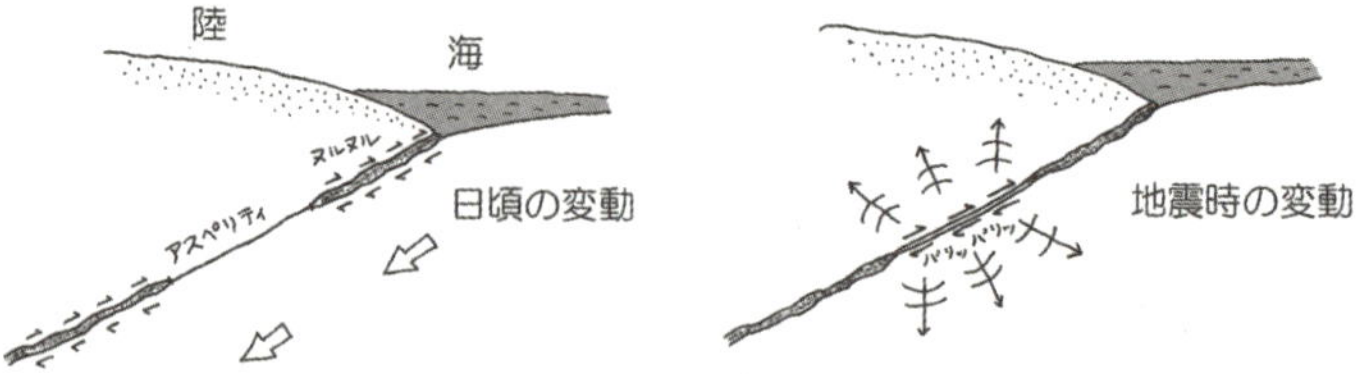

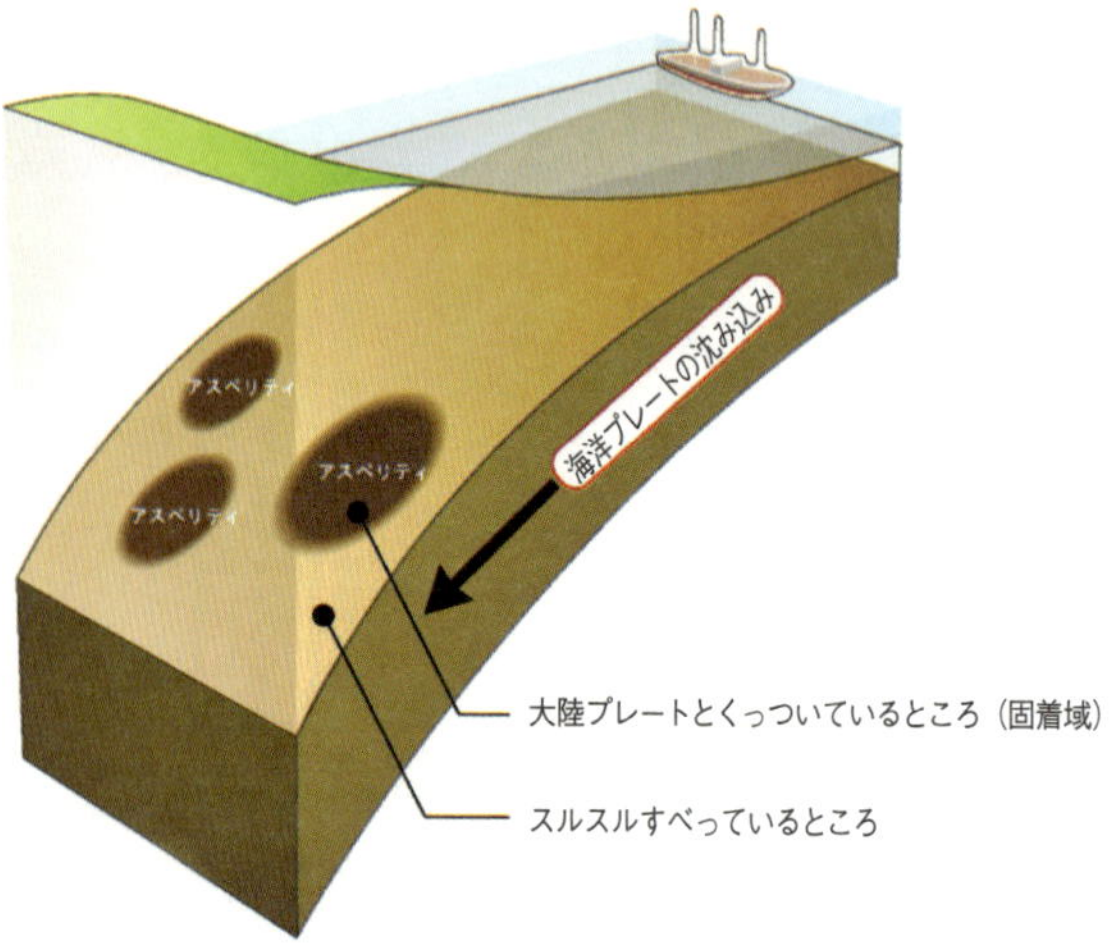

海洋プレートと大陸プレートの境界面では普段から安定してなめらかにすべる「安定すべり域」と，圧力によって密着固定されすべりにくい「固着域」があり，この固着域のことをアスペリティと呼ぶ．周りがスルスルと動くから，固定しているところにはひずみがたまっていき，あるとき急にはがれて一気にすべることでプレート境界地震を起こす．
東北地方太平洋沖地震では，東北地方の沈み込み帯にあると想定されていたアスペリティを超えて，それよりはるかに大きな領域が大きくすべった．

正断層・逆断層・横ずれ断層の図と説明

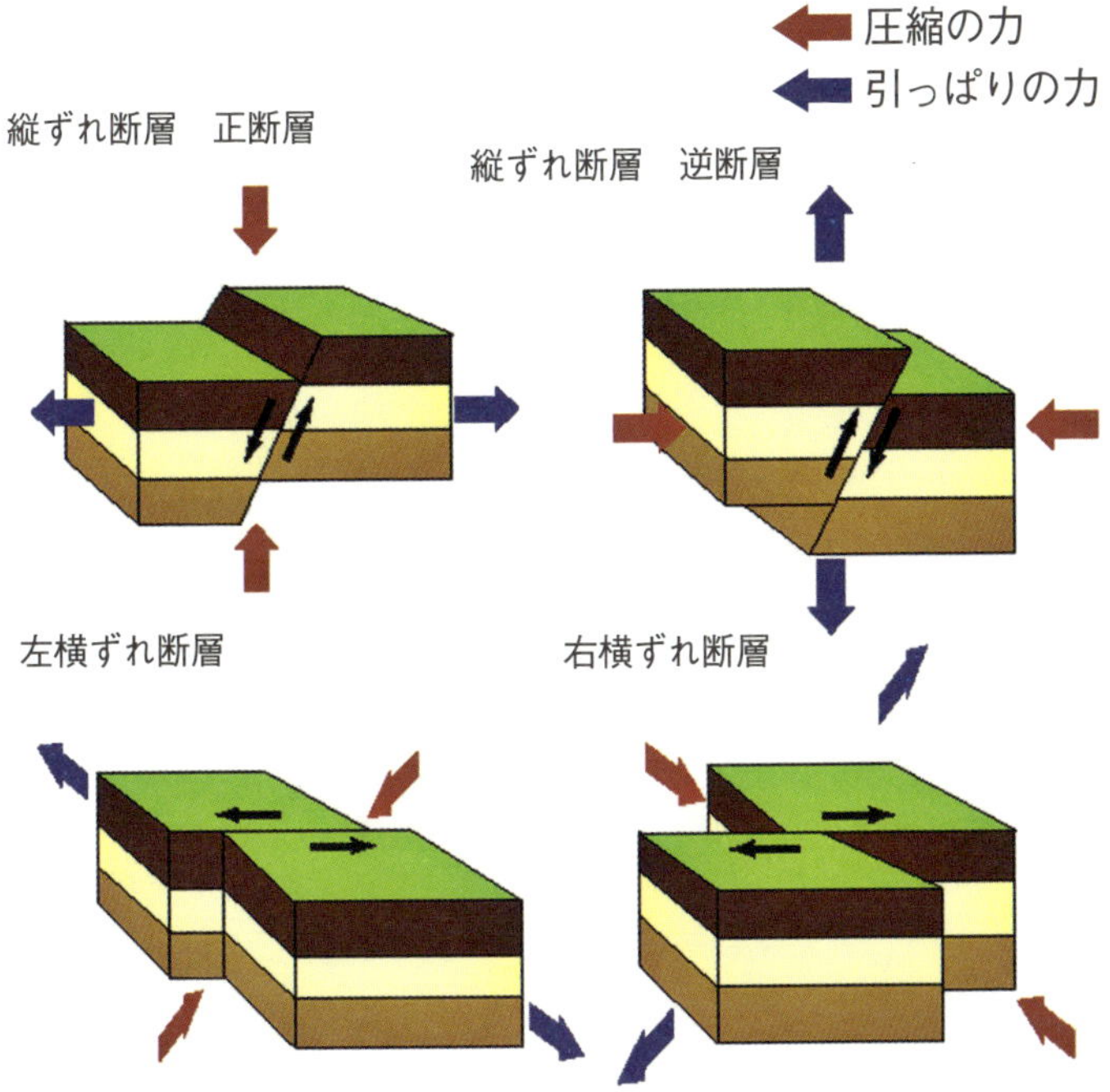

正断層：断層の上にある部分が断層に沿って滑り落ちる場合.
水平に押す力より，上下に押す力が大きいとき起きる.

逆断層：断層の上にある部分が他方に乗り上げる形の滑りをする場合.
水平に押す力が大きい場合起きる.

横ずれ断層：断層を境にして両側が水平方向に動く場合.

※正断層・逆断層・横ずれ断層は「用語解説」参照

『地震と津波──メカニズムと備え』もくじ

第1章

東北地方太平洋沖地震の概要と明らかになったこと

山崎　文人

一　今回の地震はなぜ巨大

二〇一一年三月一一日、東日本に未曾有の大被害をもたらした東北地方太平洋沖地震は、近代地震学が確立してからの一二五年間で、日本が初めて経験したマグニチュード（M）9・0[用]の巨大地震でした。

この地震の全貌についての学問的な把握は、まだ緒に着いたばかりで、今後新たな知見が明らかにされていくと思われますが、現時点で分かっていることや問題点について、若干、触れてみたいと思います。

今回の地震は、東日本をのせた北米プレート[用]の下に太平洋プレートが沈み込み、それにともなって固着して引きずり込まれていた北米プレートの先端部が耐えきれなくなってはね返り、大きな地震動と、それが海域で起こるために大津波をおこす、いわゆるプレート境界地震（海溝型地震ともいう）[用]でした。

プレート沈み込み[用]にともなうプレート境界地震は、通常、いくつかのブロックに分かれて発生し、地震活動期といわれる期間にほとんどのブロックでプレート境界地震を起こして、一つのサイクルを終わるというパターンを示す、と考えられています。東北地方は、これまでもいく度となくマグニチュード7・5～8・0クラスの地震が発生し、リアス式海岸が発達していることもあり、大きな津波の被害に遭ってきました。

今回の地震が特異的に巨大な地震となったのは、図1-1にもあるように、宮城県の沖で破壊が始まって（震源★）、北は三陸沖中部のブロック、南は茨城県沖のブロックまでと、複数のブロックにまたがって破壊が進行したため、震源付近ではプレート間のずれの量が24メートルを超え（図1-1の丸の範囲）、破壊域（震源域）の長さも南北400キロメートルを超える、巨大な破壊現象だったからです。

図1-1の点線で囲まれた範囲は、ずれの量が4メートルを超えたと推定される範囲で、震源域はさらに広く、概ね初期の余震域（用）の広がりに一致する範囲（約400km強×約200km）だと考えられています。

実は、日本海溝沿いのプレート境界地震は、このように複数のブロックが同時に破壊される可能性は、想定されていませんでした。東海沖から四国沖にかけてのフィリピン海プレートの沈み込みにともなうプレート境界巨大地震では、すべてのブロックがいっせいに連動して起こるのではないかと考えられているのとは対照的です。

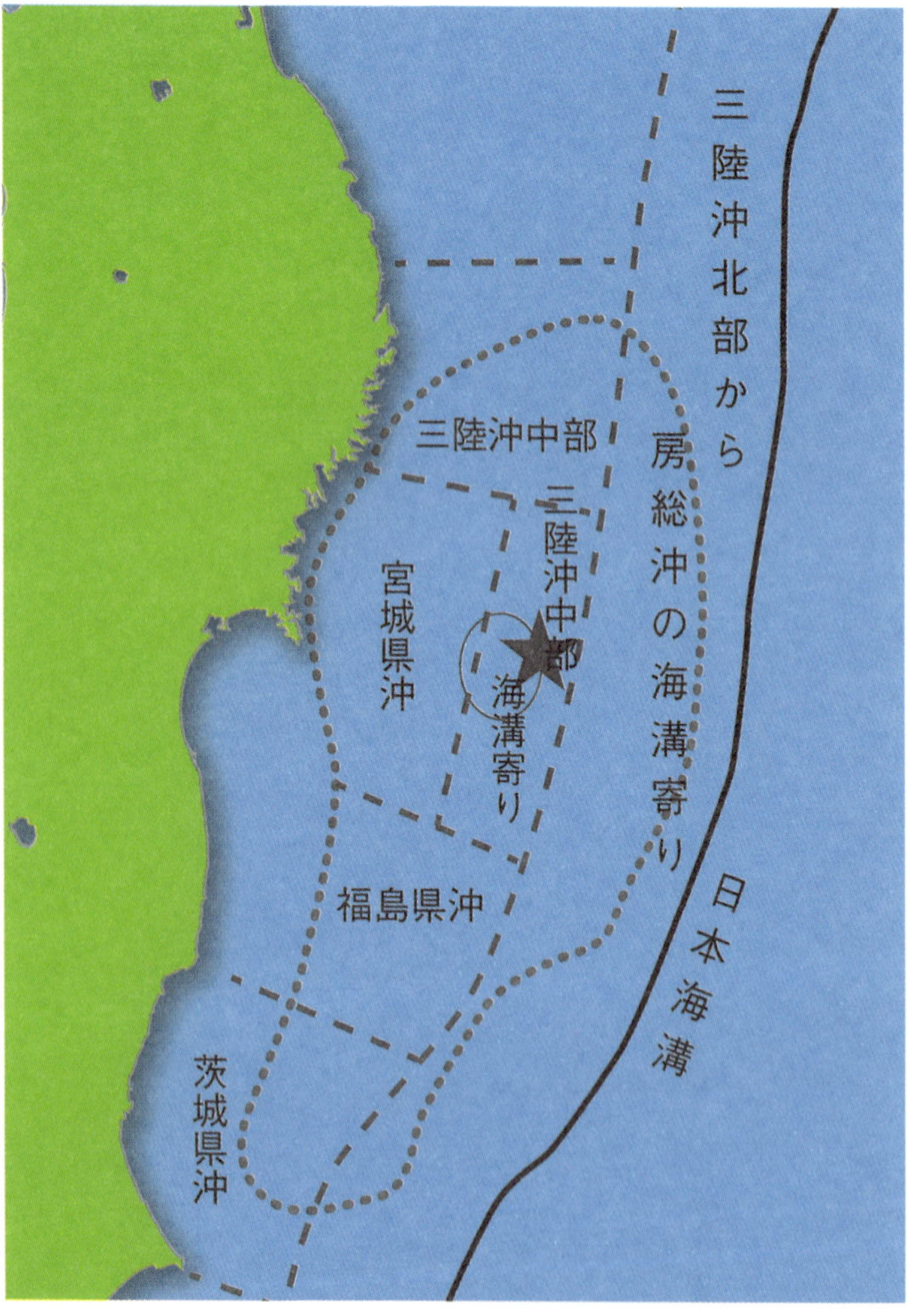

図 1-1　東北地方太平洋沖地震の震源域と長期予測の対象海域
波線で地震ブロックを区分．マーク等は本文を参照．島崎（2011）による．

島崎邦彦「東日本を起こした巨大な地震」『ニュースレター JGL』Vol. 7,No. 2,2011

これは、フィリピン海プレートの年齢が若く、沈み込みプレートの温度が比較的高いため、と解釈されているからです。日本海溝沿いの海域では、個々のブロックの中心部が強く固着して歪みがたまる一方、ブロックの縁辺部では非地震のゆっくりしたずれによって、歪みエネルギーはすでに解放されていると考えられ、長期予測では、個々の海域で地震は独立して発生し、そのマグニチュードは7・5〜7・7前後と考えられていたのです。

宮城県沖とその東側が連動した場合でも、マグニチュード8・0と想定されていました。今回の地震は、その予測が正しくなかったことを、事実でもって示しました。

二　新たな大地震や津波襲来が心配

今回のような巨大な地震では、余震活動も広範囲（南北約500km）、かつ長期にわたって継続します。最大余震は、通常、本震よりマグニチュードが1小さい程度ですので、8・0前後の余震が生じる可能性があり、余震といえども大きな地震動と津波とによる被害を及ぼしかねません。現在までのところ、余震域の南端付近の茨城県沖で起きたM7・7の余震が、一番大きいものでした。

歴史に残る巨大地震の後には、それを囲むように内陸部でマグニチュード7クラスの大きな地震が誘発され、時には火山が噴火することが知られています。今回も、伊豆諸島から石川県を結んだ地域以東の内陸部で地震活動が顕著に活発化し（図1-2）、新潟県中越地方（三月一二日、M6・7他）、静岡県東部（三月一五日、M6・4）、茨城県北部（三月一九日、M6・1）、秋田県内陸北部（四月一日、M5・0）、福島県浜通り（四月一一日、M7・0他）などでも、震度5強以上の地震が発生しています。

今回の地震発生前までは東西に圧縮されていた日本列島が、いわばタガが外されたわけですから、地殻の応力場用）が大きく変化し、その結果生じる内陸部での誘発地震用）には、今後とも警戒しなければなりません。

本震の40分後に、日本海溝の外側（東側）の太平洋プレート内で、マグニチュード7・5の地震が発生しています。アウターライズ地震（あるいはアウターリッジ地震）用）といわれるもので、プレート境界地震の発生後には、時として大きな津波被害をもたらす地震が発生することがあります。たとえば、一九三三年の昭和三陸地震（M8・1）では、最大遡上高《そじょうこう》用）28・7メートルの津波が襲来し、甚大な被害を受けました。このような地震も、警戒する必要のある地震活動です。

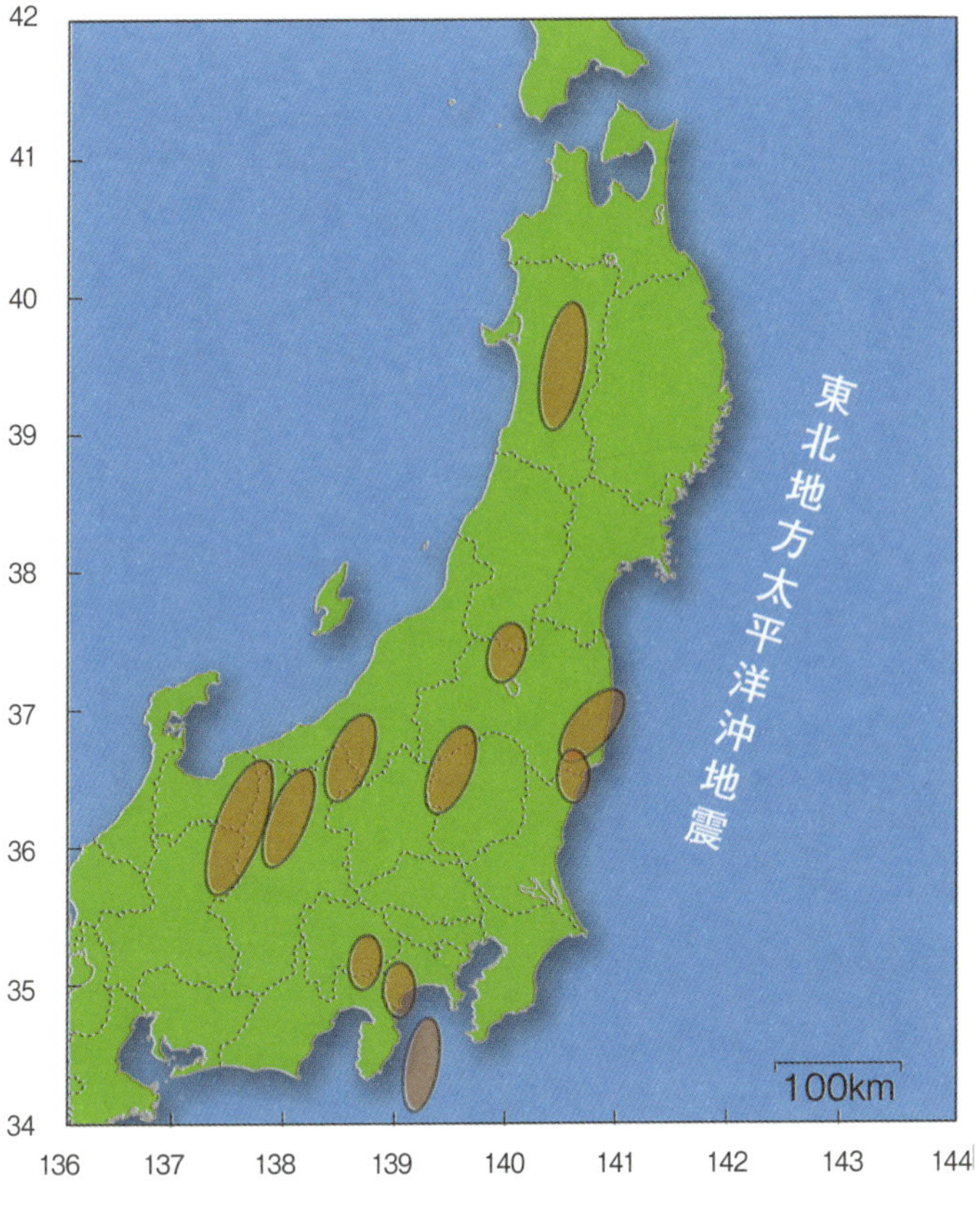

図 1-2　誘発地震活動域

楕円で囲んだ領域に地震が並んでいる．気象庁一元化処理震源データをもとにして名古屋大学作成（2011）．

さらに震源域の部分では、太平洋プレートはいわば「前進」し、その両端のブロックは取り残されたままです。特に、北側の青森県沖、十勝沖の領域でのプレート境界地震には、注意が必要です。また、根室半島沖の領域では、歪みの蓄積が進行していると考えられており、今回の地震活動がどのように影響を及ぼすのか、気になるところです。

三　地震予知はできなかったのか

今回の地震発生2日前（二〇一一年三月九日）、本震震源のやや東で、マグニチュード7・3の地震とその余震が発生しています。本震が発生した後の現在から見れば、この活動は、本震発生に結びついた明瞭な前駆的地震活動（前震）[用]だと判断できますが、それが前震なのか、あるいは独立した地震活動なのかの区別を、本震発生前に判断することはできません。地震活動だけを追っていたのでは、答えは出ません。地殻変動やその他の事象が、同時的に、通常とは異なる動きを示した時に、初めて「異常」を検知できる、と考えられます。

では、そもそも前駆的な変化はあったのでしょうか。今回の地震で前兆的現象があったかどうかの研究・解析は、まだ、現在進行形ですので、現段階では確定的なことは言えません。しかし、「地震予知」という課題は、少なくない研究予算を投入し、多くの地震学者もそれをめざして取り組んでいるのに、今回のような巨大・強大地震が何の前ぶれもなく突然発生したのだったら、何のための「地震予知」か、ということにもなりかねません。地震は破壊現象であるため、ある事象が生じたら、次はこの事象が生じて、という因果律的な現象ではありません。かといって、闇雲にあれこれを漫然と観測・測定すれば捕まる、というものでもありません。

地震予知には三つの要素がある、といわれています。すなわち、「いつ」「どこで」「どのような規模で」の3要素です。「いつ」を押さえるためにも、地殻内の構造や破壊に至るまでの力学的振る舞いなどを把握し、ターゲットを絞った観測・測定がなされる必要があります。今回の地震発生前までは、宮城県沖の地震がいつ起きてもおかしくはない状況(今後三〇年以内の発生推定確率が九九%)だったため、東北大学を中心に、ある意味での臨戦態勢にあり、今後の解析に期待したいところです。

今回のような大被害地震の後には、予知現象と称して、動物の異常行動とか、地震雲が見えていたといった類の話も、必ず登場するのが常です。実際、インターネットを垣間見ますと、今回もその種の情報で溢れかえっています。しかし、現在までのところ、科学的論議に耐えうるような例は、いっさい存在していません。むしろ、この種の情報の多さは、科学的無知、現代の政治的閉塞状況、生活に蔓延する不安感の大きさを表している、と考えたほうがよいのではないでしょうか。

四　連動型の巨大地震は想定されていたか

この地域では、八六九年に貞観《じょうがん》地震注）と呼ばれる巨大地震が起きたことが津波堆積物用）などの調査からわかっています。一九九〇年には、仙台平野で、海岸線から少なくとも3㎞の内陸地域まで津波堆積物が分布していたことを、東北電力女川原子力発電所建設所の阿部壽氏他（一九九〇）引1）が報告しています。これは東北大学の箕浦幸治氏による津波堆積物調査の手法を採用した調査結果なのですが、箕浦氏はさらに、800年から1100年の周期で内陸部まで達する巨大津波が繰り返し襲来していた証拠の存在を、指摘しています（Minoura & Nakaya, 一九九一）2）。

貞観地震：平安時代前期の貞観 11（869）年 5 月 26 日，陸奥国東方沖の海底を震源域として発生したと推定されている巨大地震である．地震の規模は少なくともマグニチュード 8.3 以上であると推定されている．

1）阿部壽・菅野喜貞・千釜章「仙台平野における貞観 11 年（869 年）三陸津波の痕跡高の推定，地震第 2 輯」43,513-525,1990.

その後の津波堆積物の調査結果をまとめたのが図１-３aで、今回の津波浸水域図１-３bとかなり類似しています。この結果からモデル計算し、貞観地震はマグニチュード８・４、断層の長さ２００キロメートルの連動型プレート境界地震であったことが示されました。古文書『日本三代実録』用）には、この貞観地震の津波によって多賀城下で千人が溺死した、と記されています。

東北地方には、江戸時代初期以前の文書記録が少なく、その後の地震・津波記録もほとんど見あたりません。西南日本では、南海トラフ沿いの地震が繰り返し連動して発生していることが、古文書から浮き彫りにされてきたのとは対照的です。このことが、連動型の巨大地震用）像をイメージしにくくしていた背景にあったのかもしれません。しかし、津波堆積物に関する調査・研究は、防災計画の早急な見直しを迫るだけの重要な成果であったことは間違いありません。

もう一つの背景として、最近の地震学の研究動向があった、とも考えられます。それは、地震そのものの解明だけでなく、非地震時の地殻のふるまい、とりわけ、それらが地震発生にどうつながっていくかの準備段階の解明にスポットを当て、また、非地震性すべりの存在に注目し、その解明に一定の成果をあげて、新たな知見が急速に深まりつつある段階

2）Minoura,K.and S.Nakaya, Traces of tsunami preserved in inter-tidal lacustrine and marsh deposits: Some examples from northeast Japan. Journal of Geology 99, 265-287, 1991.

にあったことです。言い換えると、個々の地震がどう準備され、どこまで広がり、どこでストップするかが興味の対象となり、このこと自身はきわめて重要で貴重な研究動向であることは間違いありませんが、一方で、地震活動の全体像を把握することに、目が向きにくくなったのかもしれません。

実は、地震調査研究推進本部（通称：推本）[用]の地震調査委員会では、貞観地震のような地震によって、宮城県沖から福島県沖にわたる領域で広範囲に津波被害を及ぼすような事

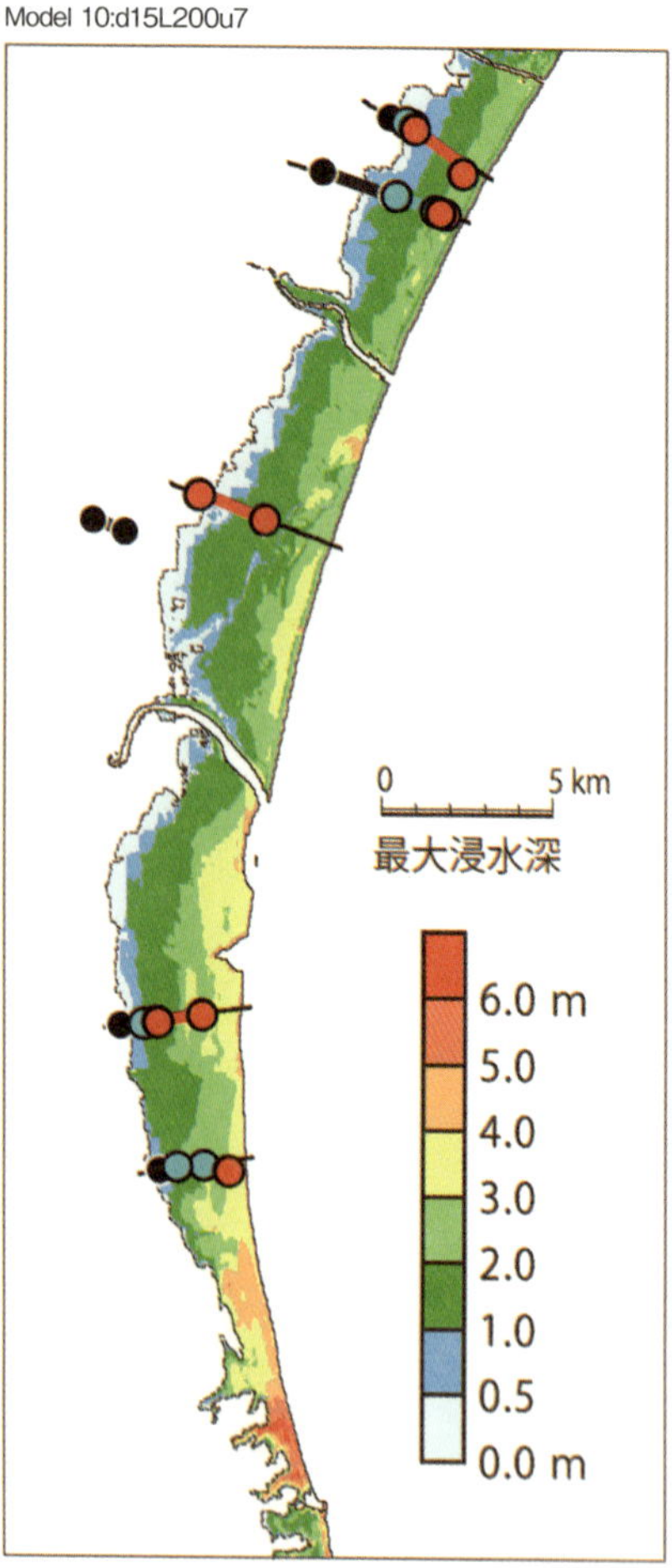

図 1-3b　貞観地震の津波浸水域

丸印がボーリングによる堆積物調査地点で，×の地点では津波堆積物が確認されなかった．上図の海岸線は，現在より内陸側に設定されている．島崎（2011）による

図 1-3a　仙台市から亘理郡にかけての津波浸水概況図

図 1-3a，図 1-3b：島崎邦彦「東日本を起こした巨大な地震」『ニュースレター JGL』Vol. 7，No. 2,2011 より転載

例が検討されているところでした。結果として、それが間に合わなかった、想定はされてはいたが、防災対策に組み込まれるまでには至っていなかったという残念な状況にあった、ということになります。

五　明らかになった新たな知見

東北地方太平洋沖地震発生から1年近く経過した現在までに、多くの調査・研究がなされています。これらの調査・研究のうち、今回の巨大地震で新たに明らかになった、いくつかの知見について触れてみましょう。

今回の地震では顕著な前震活動がみられましたが、その他に前駆的・前兆的現象が認められたでしょうか。このことは地震予知に結びつく可能性があるだけに、注目すべき事柄です。ここでは、二つの研究成果を紹介します。

一つは、顕著な静穏化現象[用]が認められたことです。この現象については、従来からも指摘されていたことですが、大地震発生に先だって、その震源域で通常の地震活動が静穏化し、その後の回復傾向が進行した段階で本震発生に至るという現象をいいます。松浦律

用) 松浦律子・岩佐幸治「2011年東日本震災に先行した東北沖地域での相対的地震活動度の静穏化とその回復」『日本地球惑星科学連合2011年度連合大会』(MIS036-P03,2011).

子氏他（二〇一一）[引]は、この領域での地震活動の統計的処理にもとづき、今回の巨大地震に先立つ静穏化現象の存在を示しました。

日置幸介氏（二〇一一）[引]は、日本列島に展開されている国土地理院ＧＰＳ連続観測網のデータを解析して、本震発生の40分前ごろから震源域の周辺で電離層の電子数異常[用]（最大１割弱程度の増加）が認められたことを明らかにしました（図１-４）。どのようなメカニズムでこのような前駆的現象が発生するのかが未解明であるため課題は残りますが、データ処理プロセスが明快で検証可能性の高い結果であり、直前予知に結びつきうるものとして注目されます。日置氏はまた、マグニチュード８を超える過去の巨大地震でも、同様な前駆現象が存在していたことも示しています。

これらの他にも、今回の地震で新たに明らかになったことは、以下のようなものが上げられます。

地震による滑りの領域が、従来は固着域ではないと考えられていた日本海溝近くまで及んでおり、そこでの滑り量が50メートル前後にまで達していたこと。そしてこのことが、津波をより大きな規模にした原因でもあることが明らかになり、今後の津波被害想定を大

日置幸介「超高層大気は巨大地震の発生を知っていたか？」『科学』（2011年10月号）.

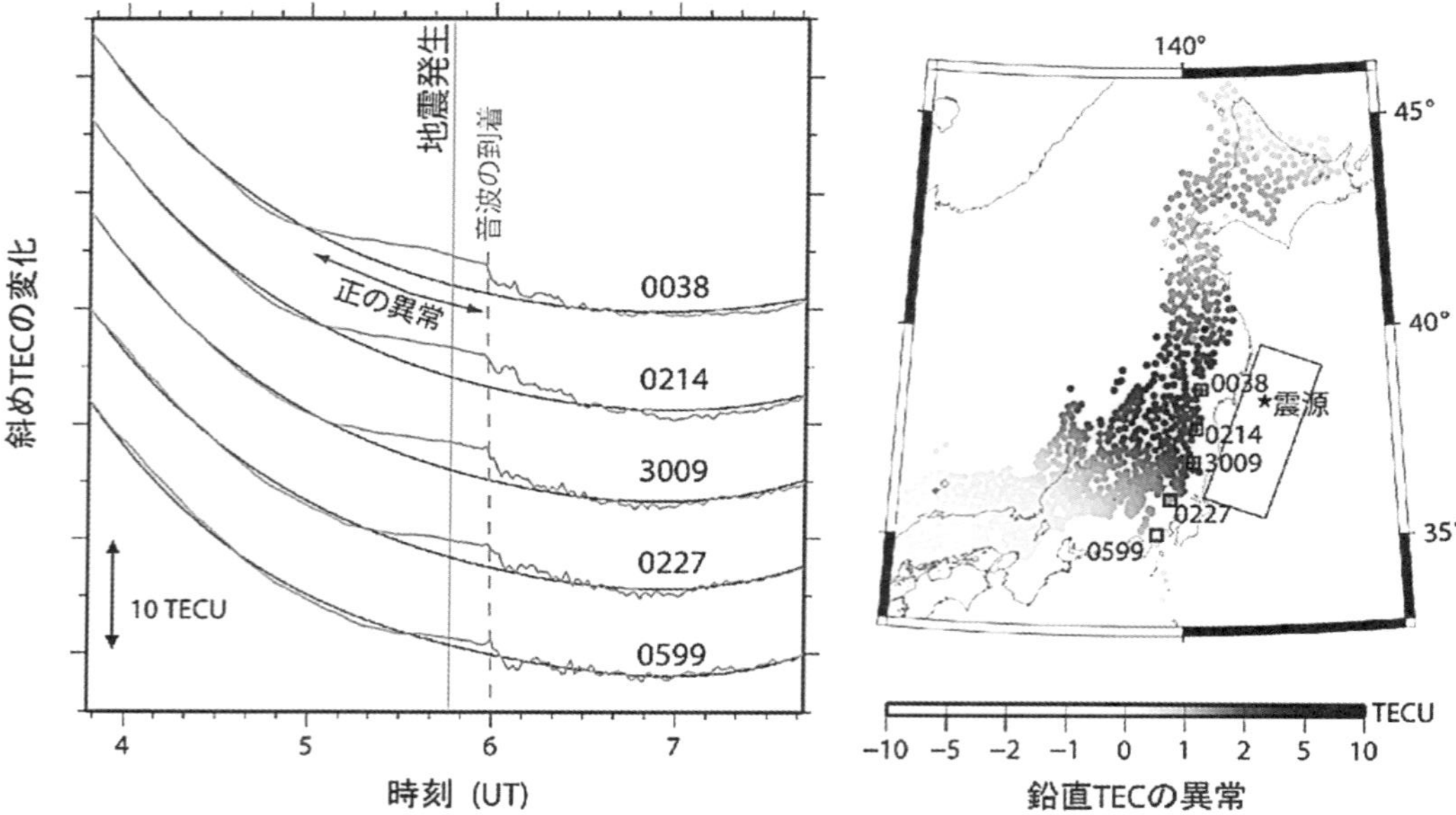

図 1-4　地震前後の電離層全電子数の時系列変化

15 番の GPS 衛星を，4 桁の数字で表されている 5 点の GPS 観測点で受信した際の信号遅延量から算出．なめらかな曲線が，異常が無いとした場合の電子数の変動量モデル値を示す．右図は地震発生 1 分前の異常量の分布図．日置 (2011) による．

きく見直す必要があることが示されました。

今回の地震では震動継続時間が長く、それが原因となって、従来生じないと考えられていた震度でも液状化[用)]現象が発生することが認められたこと。このことにより、液状化現象に関しての被害予測の大幅な見直しが必要となりました。

また、最近注目されていたことではありますが、大きな長周期震動[用)]が長時間継続し、超高層ビルや石油タンクなどでの被害を見直さなければならないことが現実に示されたこと。また、超高層ビルでは倍モード振動[用)]が生じたことがはじめて観測され、このことも含め、超高層ビルがたとえ倒壊しなくても、内部では什器などが飛んで大きな人的被害を及ぼすことが改めて浮き彫りにされました。

内陸部での地震活動の活発化の中で、従来、あまり観測されなかった正断層[用)]型の地震が発生し、活断層の見直し[用)]が課題として残されました。

以上、いくつかの新たな知見を紹介しましたが、東北地方太平洋沖地震に関しての調査・研究は現在なお進行中であり、津波に関する研究を含め、ここで取り上げなかった研究成果も少なくありません。今後とも、防災基準の見直しを迫る研究結果が出されてくるのは必至と考えられます。とりわけ、津波堆積物に関する研究は、精度をあげた全国規模での大量のデータを蓄積できれば、防災対策上で重要な情報となると考えられます。現に、この研究で、西南日本、南海トラフ沿いに発生する巨大（連動型）地震の震源域の西端が、従来は四国沖までと考えられていたのが、九州沿岸域まで達していたことを示唆する結果も出されてきています。

六　地震学研究者・防災研究者にとっての「課題」

いま、多くの地震学研究者や防災研究者は、予測外であったマグニチュード9の巨大地震の発生と、その結果もたらされた大きな被害をどう受け止めるべきか、それぞれに反省を深めています。日本地震学会でも、従来の研究の取り組み方で問題はなかったのか、社会との関わり方はどうだったのか、学会としての批判的検討が進められています。

かつて今村明恒（一八七〇～一九四八）という地震学者がいました。東京における大地震発生とそれにともなう火災の危険性について社会に対して警鐘を鳴らして（一九〇五）[引]当時の東京帝大教授であった地震学第一人者の大森房吉氏と衝突し、また、南海・東南海地震発生が逼迫していることを予見して、私財を投じて地震観測網の構築にも取り組んだ

引 今村明恒「市街地における地震の損害を軽減する簡法」『太陽』（1905 年 9 月号）．

のですが、日本の戦争突入によって挫折させられたという人物です。

彼の予見・警鐘は、関東大地震（一九二三）、東南海・南海地震（一九四四、一九四六）注）とそれらによる未曾有の大被害で、いずれも現実のものとなりましたが、彼の地震学への取り組みの姿勢、社会との関わり方について、今日、あらためて学ぶべきことが多いと思われます。今村氏は地震と震災を、一方は自然現象であり、他方は人為的なものとして明確に区別し、地震災害の軽減にとって次の三つの要素こそ大切であると強調していました。それは、第一に地震知識の普及、第二に耐震構造の普及、そして第三に地震予知法の完成、ただし第三点目は前の2点があってこそ初めて意味を持つと。この指摘は今日なお生きているのではないでしょうか。

昨今、短期に成果が期待される研究に関心が偏り、また、そうせざるを得ないような研究・教育環境の変化が、地震学の現場に対しても少なからず影響を及ぼしているであろうことは否めません。腰を据えて大局的・長期的な視野にたった研究・教育をすすめることが困難となり、また、その重要性すら忘れられかねない事態が進行しています。このような状況の中でこそ、今村氏の信念に思いを馳せる必要があるのではないでしょうか。その上での研究課題の見直し、社会とのかかわり方の見直しをすることが大切ではないでしょ

関東大震災：1923 年 9 月 1 日に相模湾北西沖を震源として発生したＭ７．９の巨大地震
東南海地震：1944 年 12 月 7 日に熊野灘沖を震源として発生した巨大地震
南海地震：1946 年 12 月 21 日，潮岬南方沖を震源域として発生したＭ８．０の巨大地震

うか。

ここで、地震学研究者・防災研究者には、研究上の課題の見直しとともに、以下のような「課題」が残されていることを指摘したいと思います。

日本が地震大国の宿命から逃れられない以上、地震災害軽減のためには、個々の研究者の努力は当然であるとしても、研究体制の抜本的見直し・強化が不可欠です。すなわち、地震の基礎研究や防災科学に携わる研究機関や地震・津波に対応する現業機関の増強、それを支える研究者・技術者の層を厚くするための方策を講じ、また、地震知識の普及の担い手ともなりうる、地震学を学ぶ学徒数を桁違いに増やすことが課題です。

この課題の重要性を社会に対して発信し、その実現のための働きかけに取り組む点で、地震学研究者・防災研究者は、従来、どの程度の意識的取り組み、努力をしてきたでしょうか。

七　学問・科学は無視された

八六九年の貞観地震では、津波が広範囲に内陸部奥まで達していたことが、一九九〇年以降の調査・研究で明らかにされ、この地域（東北地方太平洋岸など）では、複数の地震活動ブロックが連動して破壊をおこすプレート境界地震が発生しうること、また、それにともなって広範囲に津波被害が及ぶ可能性があり、その津波被害に対処しなければならないことが、浮き彫りにされました。このことは、科学の成果が防災対策に生かされれば、多くの命を救いうることを示しています。

二〇〇九年六月に開かれた、経産省原子力安全・保安院のワーキンググループ会合の場で、産総研活断層・地震研究センター[H)]長の岡村委員が、津波発生に関する産総研や東北大学の研究成果を踏まえて、福島原発の耐震設計上、貞観地震がまったく考慮されていない問題点を再三にわたり指摘しました。

それに対して、東電側は何らの根拠を示すこともせずにこれを無視・否定し、一九三三年の塩屋崎沖地震群（M7・0～7・5）が同時発生したとする想定地震（M7・9）のみを考慮対象とし、原子力安全・保安院もこれを追認しました。科学の成果が抹殺された瞬間です。今回の福島第一原発の津波被害は、学問・研究の成果として明らかにされた「想定内の事態」であったことを、否定的な形で証明したのです。

ところが、この問題が「研究成果を意図的に無視した」だけではなかったことが、この間の報道で明らかになっています。じつは、東電自身も「想定外の」津波が到来する可能性を指摘した報告を社内で取り纏めていましたが、「不都合な真実(事実)」は「抹消」するという、処理がなされていたとのことです。

近年、科学技術のうち、国際競争に直接役立つもののみを重視し、また、大学をそのための下僕に位置づけるという、きわめて近視眼的で経済的視点のみの科学技術政策が推進されています。

今回の福島第一原発事故にからむ経緯を見ると、自らの経済活動の阻害になる研究・学問は徹底して無視・排除するという、企業の論理が浮き彫りにされており、残念でなりません。学問・研究の成果が社会の発展に生かされる時代が一日も早くくることを、渇望してやみません。

第2章

超巨大地震と津波の科学

古本　宗充

東北地方太平洋沖地震という超巨大地震とそれにともなった大きな津波は、改めて自然の威力を見せつけ、地震学を始めとして科学や科学技術が未熟であることを示しました。ただ東北地方太平洋沖地震の解析から、超巨大地震について新たに分かったことが多かったことも事実です。

本章では、こうした内容を含めて、超巨大地震と津波について基礎的な知識を解説します。しかしながら、超巨大地震についてはまだ不明なことの方が多く、不十分な点も少なくないことはお許しください。

一　地震

1　超巨大地震

東北地方太平洋沖地震の発生以後、超巨大地震という言葉がよく使われるようになりましたが、この言葉自体は学術用語ではありません。地震の大きさを表すマグニチュードM用)が8クラスの地震を通常、巨大地震と呼びますので、ここではM＝9を超えるような地震を超巨大地震と呼ぶことにします。

２　マグニチュードM＝9・0の意味

マグニチュード用）は、観測された地震波の最大振幅を使って求めるように定義されています。一般に広く利用されるものですが、このマグニチュードがけっこう厄介な物差しであることはあまり知られていません。

欠点の一つは、マグニチュードという量が、震源の性質として具体的にどのような量を現しているのかが明確ではないことです。しかしより深刻な問題点は、本来マグニチュードMが8を超えるような大きな地震が起きても、従来の推定法ではM＝8程度で頭打ちになってしまうことです。つまりどんなに大きい超巨大地震でも、定義どおりに推定するとM＝8程度になってしまうのです。決定法によってはもっと小さい値で頭打ちになることもあります。そのため、元もとの定義によるマグニチュードは、巨大地震や超巨大地震には使えないのです。

一方、最近の震源の研究では断層運動の規模として、主に地震モーメントM_0用）という量が推定されます。この量は、断層の面積S、平均滑り量D、そして周りの岩石のバネ定数（剛性率）μの三つを掛け合わせた量、$M_0=\mu DS$になっています。これだと断層運動の規模を表すことが一目瞭然です。

またこの量は、地震波だけでなく地殻変動や津波の観測などいろいろな現象から推定できます。東北地方太平洋沖地震の地震モーメントは、さまざまな方法で 4.0×10^{22} Nm 程度と見積もられています。

金森博雄氏[引]（一九七七）は、地震モーメントからマグニチュードへ換算するという手法（金森の式）[用]を提案しました。現在では、比較的小さい地震も含めて地震モーメントを推定した後、このモーメントマグニチュードMw（以下ではこれを単にMと表記）に変換される場合が多いのです。それならいっそのこと地震モーメントだけで話を進めればよさそうですが、昔の地震データとの連続性など歴史的背景もあって、マグニチュードが使われ続けているのです。

東北地方太平洋沖地震の地震モーメントを金森による換算式[用]で計算すると、マグニチュードM＝9・0となります。地震モーメントが30倍大きくなると、マグニチュードが1増加します。この関係は、地震のエネルギーとマグニチュードの関係と同じです。

Kanamori, H.,1977 The energy release in great earthquakes, J. Geophys, Res.,82, 2981-2987.

3　世界の超巨大地震

地震計記録の質がよくなってきた二〇世紀後半以来では、超巨大地震は5回発生しています。それらは一九五二年 カムチャッカ地震（M＝9・0）、一九六〇年 チリ地震（M＝9・5）、一九六四年 アラスカ地震（M＝9・2）、二〇〇四年 スマトラ・アンダマン地震（M＝9・3）、そして二〇一一年 東北地方太平洋沖地震（M＝9・0）です。

以前は一九五七年 アリューシャン地震のマグニチュードが9・1とされていましたが、最近の研究では9より小さくされることが多いので、このリストからははずします。

これらの超巨大地震はいずれも海溝型地震用）で、沈み込む海洋プレート用）と陸側のプレートの境界部で滑り運動をする断層です。境界面は、比較的低角度で斜め下に延びており、断層の上側が乗り上げる形になる逆断層用）です。

チリ地震などは、M9を大きく超えているのに、二〇一〇年以前に日本付近で知られている海溝型巨大地震はM8クラスでした。こうした違いは場所による本質的なもので、沈み込むプレートの性質などに関係しているのではないかと考えられていました（Ruff and Kanamori,1980）。

つまり、Ｍ９クラスの地震の発生する場所と、最大でもＭ８クラスやＭ７クラスの地震しか発生しない場所とがあると考えたのです。

ところが、二〇〇四年にスマトラ・アンダマン地震（Ｍ９・３）が起きて、このような考えが覆ってしまいました。それまでの理屈では起きないはずの場所でこの地震が起きたからです。

この地震を受けて、本来Ｍ９クラスの超巨大地震は世界中のどの沈み込み帯でも起きるのですが、地震の発生間隔に比べて観測期間が短いので、まだ知られていないだけではないかとする考え[引1)]が強くなってきました[引2)]。

しかし、大きく状況が変わらないまま二〇一一年に東北地方太平洋沖地震を迎えてしまったのです。この地震は、どの沈み込み帯でも超巨大地震が起こる可能性があることを改めて示しています。

4　沈み込み帯ごとの最大地震規模

どの沈み込み帯[用)]でも超巨大地震が起きるとしたとき、その規模がどの程度大きいかが重要です。

1）古本宗充，2007，東海から琉球にかけての超巨大地震の可能性，地震予知連絡会会報，78，602-605.
2）（例えば、古本、2007；Stein and Okal, 2007）

例えば、仮に西南日本でも超巨大地震が起きるとしたとき、その最悪のマグニチュードがいくつなのかは重要です。このように、ほとんどの場所ではまだ起きていない地震の規模を推定することになりますが、そうした推定の方法はあるでしょうか。最大規模を決めるのは、プレート[用]を含む何らかの地学的構造のはずなので、その観点から最大地震を推定したいところです。

しかしまだ多くの研究者が納得する方法はありません。過去のそうした努力の一例が前で触れたRuff and Kanamori（一九八〇）[引1]の考えだったのです。

沈み込み帯を考えたとき、最も大きい基本構造の長さは、沈み込み帯が作る弧の長さです。例えば日本海溝で言えば、北海道南東側での千島海溝とのつなぎ目から、房総半島沖での伊豆―小笠原海溝との境までの、ゆるやかな円弧になっている部分の長さ（約６５０km）です。地学的に考えても、これが起こりうる断層の最大長である可能性は高いでしょう。

R. McCaffrey（二〇〇八）[引2]は、このような観点に立ち、実際に日本海溝では最大規模をM＝９・０と予想していました。ただ今回の地震では、この長さよりは少し短い断層となっていますので、この考えが正しいのかはまだ不明です。

1）Ruff, L. and H. Kanamori, 1980, Seismicity and the subduction process, Phys. Planet. Earth Interiors, 23, 249-252.
2）R.,McCaffrey, 2008, Global frequency of magnitude 9 earthquakes, Geology, 36, 263-266.

5　超巨大地震の断層の特徴

東北地方太平洋沖地震の断層は、海溝に沿った方の長さが約５００㎞で、沈み込む方向に測った幅が約２００㎞とされています。６連動地震だったといわれる場合もあるように、大きな地震を起こす能力がある多数の断層をまとめた広がりを持っているのです。

これまでの他の超巨大地震も、同じように非常に長い断層でした。例えば、スマトラ・アンダマン地震では１０００㎞以上とされています。すでに述べたように、もし断層の長さが沈み込み帯の長さで決まるとすれば、非常に長くなることでしょう。

一方、断層の幅はどの超巨大地震でもあまり大差はなく２００㎞程度です。これは断層の上端は地表になり、下端はある温度以上では境界面の固着が起きなくなることで決まるからでしょう。

東北地方太平洋沖地震の解析で分かったのは、断層の滑り量が非常に大きいことです。比較的大きく滑った主要部分でみると、平均の滑り量は20ｍくらいになります。最も大きく滑った量は、研究者によって開きがありますが、この平均滑り量の２～３倍くらいの値が報告されています。特に、断層の地表に近い浅い部分で、大きくすべったと推測されています。

これまでチリ地震（M９・５）などでは最大で30ｍ程度滑ったとされており、私は、これでも驚くべき大きさだと思っていたくらいであり、東北地方太平洋沖地震での値はこれまでの常識を変えたデータです。この結果を受けてみると、以前の超巨大地震でも、実は同じ程度滑っていた可能性があるのです。今後そのような観点から、記録の見直しが行われるかも知れません。

日本海溝では、太平洋プレートが日本列島の下へ８㎝／年くらいの速度で沈み込んでいます。もし仮に60ｍ滑ったところがあるとすると、その量を蓄えるのに８００年近くかかることになります。もしプレートが完全には固着しておらず、少しずつずれているとすれば、その時間はもっと長くなります。この最短でも数百年固着して、歪みをため続けていたというのが最大の特徴でしょう。

超巨大地震は、通常の巨大地震とまったく性質が異なった特別の地震というわけではないようです。超巨大地震のサイズは大きいが、性質は小さい地震と似ているのです。例えば、M８クラスの地震の断層は、長さが１００㎞、幅が50㎞、平均滑り量が数メートルです。

これらをすべて3～4倍すると、東北地方太平洋沖地震の値と似たものになります。

3個の同じ硬さのつるまきバネを縦につないで引っ張ると、同じ力でも1個の場合の3倍伸びます。これと同じように同じ岩石からなっていても3倍の長さの断層は、同じ力（3次元媒体の中では応力で測るが）で3倍の変位を蓄えることができるのです。

超巨大地震とは、このように広い領域が全体として大きな変位を蓄えていたもののようです。ただこれは断層全体を概観したことであり、断層のどの部分が強く固着していたかなどの細かい構造は、研究者によって意見が分かれています。

地震の起き方をみていて気づくように、マグニチュードの小さい地震ほど数が多いのです。こうしたことは地震現象だけでなく、いろいろな物の規模などでもみられる経験則です。地震の場合は、グーテンベルグ・リヒターの関係（以下GR関係）[用)]と呼ばれ、マグニチュードが1小さくなると地震の数が10倍増えます。なぜ10倍になるかは不明ですが、多くの場合よく成り立っています。

図2-1に示したのは、東北地方の日本海溝沿いで、八六九年の貞観地震以後から東北地方太平洋沖地震の前までの約1000年間に発生した地震のマグニチュードと数の関係です。この図では、あるマグニチュードより大きい地震の総数がプロットしてあります。

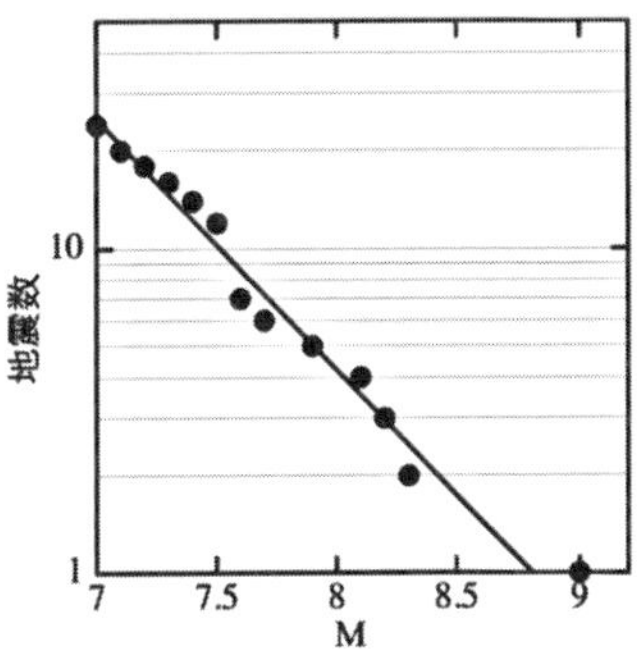

図 2-1　日本海溝における過去約 1000 年間の地震活動

縦軸（対数）はある，マグニチュードMより大きかった地震の数．M＝7.0 以上の地震はこの間 20 数個発生している．ＧＲ関係が成り立つと点が直線上に並ぶ．東北地方太平洋沖地震はこの関係の上に載ってくる．

ただし、古い地震はかなり記録から落ちているかも知れません。

縦軸を対数目盛りで表したこのようなグラフでは、ＧＲ関係は直線になります。東北地方太平洋沖地震のＭ＝９・０を含めて、グラフは直線的であり、よくＧＲ関係に合っています。

事後ではありますが、二〇一一年の超巨大地震は、この地域の一連の地震活動の一つであるといえるでしょう。この図を最初に見たときの印象は、寺田寅彦[用)]だったら、「自然は実に律儀である」とでも言うのだろうな、でした。

もう一点重要なこととして、１０００年間程度のデータを集めると、Ｍ＝９・０を含めてグラフがＧＲ関係になっていることです。

つまり、この地域では、Ｍ９クラスの地震は約１０００年程度に一度くらい起きるような活動をしていることになるでしょう。

6　地震動

超巨大地震からの地震波エネルギーは非常に大きいものですが、それは必ずしも地震動の振幅が非常に大きいことを意味してはいません。たとえば、断層運動が20秒より短い時間内で終わるならば、周期20秒の地震波の振幅は断層運動の規模に比例して大きくなるのです。しかし、もし断層運動が20秒以上かかるとすると、その先はついていけなくなります。断層運動が１００秒かかる場合、周期20秒の波は、単に5回分繰り返すだけになります。波の発生数は長くなりますが、振幅は頭打ちになるのです。すでに述べたマグニチュードが頭打ちになることも、この性質からきているのです。

強い地震動になるのは、すぐそばの断層領域から来る波です。断層自体が巨大になっても、遠くの部分からの波は強くはありません。よって、地震動の強さは断層からの距離によって決まります。つまり、巨大地震よりＭ７クラスの直下型地震[用]の方が危険な場合はいくらでもあるのです。ただし、超巨大地震では断層が大きいので、断層のすぐそばに当たる地域だけでも広域になります。また、断層の滑り量などにも場所による揺らぎがあるので、大きな地震波を放出する領域もあるかも知れません。

また、地震動の継続時間は非常に長くなります。地震波の全エネルギーが大きくなるのは、この継続時間の長さから来るのです。超巨大地震では断層の長さが数百kmですので、断層運動が始まってから末端まで拡大するのに時間がかかります。長さ500kmの距離を2・5km／秒で広がったとすると、3分程度もかかることになります。断層から離れていても、比較的大きな振動がこの時間続くのです。

断層が2～3km／秒の速度で拡大することは、別の効果を持っています。音波などのドップラー効果[用]に似ているといえば分かりやすいでしょう。断層運動が拡大すると、地震波を出す領域も同様に移動します。この速度は、すでに述べたように2～3km／秒です。

一方、表面波[用]と呼ばれる地震波の伝播速度は比較的遅く、拡大速度と同値度になります。そのため拡大する方向では、各領域から出てきた波が狭い時間幅にまとめられてしまうのです。この場合は地震波の振幅が大きくなります。特に近年、巨大建築物を揺らすことで問題になっている長周期地震動[用]では、この現象が重要です。

7　地殻変動

滑り量が大きいので地殻変動の量も大きくなります。図2-2は、地下で逆断層が動いたときの地表での上下変動量です。断層の傾斜角度が小さい場合は、断層の上側のブロックは断層の滑りと同じ程度、水平方向へ移動することになります。そして上下変動も起きるのです。

図に示されているように、逆断層でも上側にある部分全域で上昇が起きるわけではありません。断層の上端に近い部分では大きく上昇しますが、その後ろ側では沈降する部分もあります。

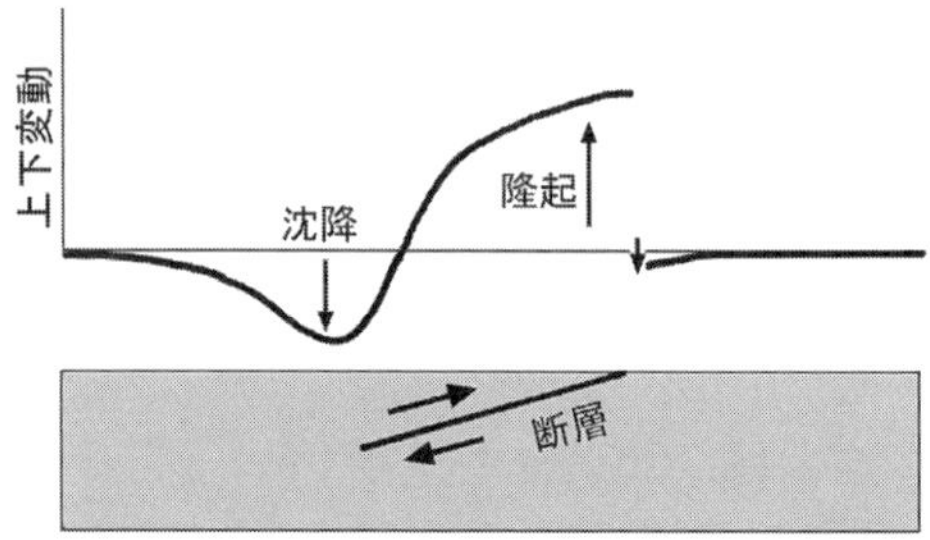

図 2-2　逆断層の上の地表でみられる上下変動断層の傾斜角が 15 度の場合. 隆起だけでなく沈降の部分も広い .

地表で沈降の大きい所は、断層の下端の真上付近に当たります。超巨大地震では断層の幅が広いので、沈降が起きる場所は海溝からかなり陸よりの場所になります。

東北地方太平洋沖地震の際には、東北地方の海岸部が沈降しています。超巨大地震の場合滑り量が大きいので、水平移動量だけでなく上下方向の変動量も大きくなります。

8　津　波

津波の説明は次節でより詳しく述べますが、本項では、超巨大地震の津波にみられる特徴について、補足的に述べることにします。地表(海底)の大きな上下変動が津波の原因になりますので、断層滑りの大きい超巨大地震では、津波も大きくなります。特に断層の地表に近い部分での滑り量が大きいので、津波の高さへの効果も大きくなるのです。

また上下動だけでなく、水平動も津波に寄与しています。海溝付近では地形がなだらかではありますが、少し傾斜しています。地面が水平に移動すると、斜面も横に移動することになります。

その結果、水を押しのけることになります。上下変動に比べれば影響は小さいのですが、絶対量としてはかなりの大きさになります。例えば、角度が５度の斜面部分が横方向に20m移動すると、地面が２m近く持ち上がったのと同じになります。これは巨大地震の際の地殻変動に匹敵する大きさです。

超巨大地震では、海溝に沿った帯状の津波波源が現れます。このような波源では、一点から同心円状に拡がる場合と違って、波面が直線状で帯に直角な方向に伝播し、やはりほぼ海溝に平行な海岸線に向かうことになります。このような場合、振幅の幾何学的な減少（津波の項参照）がないので、それも津波を大きくする要因になるのです。

二 津波

1 津波

東北地方太平洋沖地震の際の巨大津波の映像が多数撮影されていて、テレビやインターネットなどで観ることができます。それを観ると、津波というものがどのようなものであるかがよく分かります。津波は「波」という字が入っていますが、波よりは流れに近いのです。中国では、古くは津波のことを海溢《かいいつ》と書いたとのことです。海水が堤防を越えて船を押し流しながら陸地に溢れる映像を見ると、もっともだと思う表現です。

津波とは、海水面が高くなり、陸地に流れ込む現象です。高さ３ｍの津波といったとき、通常の海の波の高さと同じように捉えてはならず、はるか沖までの海面が３ｍ上昇すると考えなければなりません。なお、ヘリコプターからの映像で確かに「波」が写っているものもありますが、これが津波の本体ではないのです。こうした点については順次、述べる予定です。

ところで、津波の映像は、津波や災害の科学からみて貴重なものですが、実はあまり褒めたくはないのです。私は、このような凄い映像を見るたびに、津波を撮影しようとして逃げ遅れた人が多くおり、また今後も出てくるのではないかと心配になるからです。津波からはまず逃げるべきで、津波を撮影しようと思ったりしてはいけません。

2　津波の発生

津波が起こされる場所は、海水が持ち上がったり下がったりした場所です。その原因のほとんどは、海域で起きる地震、つまり断層運動です。その他にも、陸地から海への崩落、海底地滑り、海底火山、そして海への天体衝突などが原因になり得ますが、ここでは断層運動の場合について考えましょう。

断層運動が比較的浅いところで起きると、地表が上下に大きく変形して高さが変わります（P.5を参照）。この変化は、超巨大地震でも20～30秒ほどしかかからないので、その間に水が横に逃げることができず、海底の上下変動がそのまま海水面の上下変動として現れるのです（断層の拡大にかかる時間とは別です）。その上下の変動が元に戻ろうとして振動するのが原因となり、周りに波として広がります。

ただ波とはいっても、原因の断層が大きいので、海底で上下変動した場所の幅は少なくとも数十kmくらいになります。一方、海の水深は数kmよりも浅いのです。つまり波の幅（波長）が水深の10倍以上あることになります。水深が3mの池で幅数10mの盛り上がりに相当します。池に石を投げ込んだ場合の波紋とは性質が違ってくるのです。

海底の上下変動にともなって発生しますので、津波が最初に到着するとき、引き波で始まるか、押し波で始まるかは一定ではありません。海水が引いたら津波が来ると考えるべきですが、引かなくても津波は来るのです。海底が下がった場所から来る津波が一番早く来る場所では、最初は海水が引き始めるでしょう。しかし逆に、隆起した場所からの津波が最初に来る地域では、押し波つまり海面の上昇から始まります。そして、津波の半周期が過ぎたあたりで反対の動きに転じることになります。

3　津波の伝わりかた

津波が伝わる速度は、海の深さの平方根に比例します。水深が4000mの海では秒速200mで、水深が1000mになると秒速100mに落ちます。さらに水深が40mとすれば秒速20ｍ程度とぐっと遅くなる。それでも時速に直すと時速約70㎞であるから、かなり早いのです。

通常の海の波とは性質が異なるとはいえ、波としての基本的性質は持っています。特に屈折や反射は同じです。波は伝わる時に、速度が異なる部分に入ると屈折します。原則は遅い方へ曲がることです。このことを津波に当てはめると、津波は常に水深の浅い方へ向きを変えることになります。この性質は、後でみるように海岸近くでの津波の高さに関係してくるので重要です。

一方、反射の性質も通常の波と同じであり、入ってきた角度と同じ角度で反射して出ていきます。

この屈折と反射の性質は、陸地を襲う津波の高さ以外にやっかいな問題をもたらしています。それは、大きな津波がなかなか収まらないということです。海岸にぶつかって反射した波は、いったん沖に向かいますが、波は海の浅い方に屈折を続けます。そのため津波は外洋に出ていかないで、また屈折して戻ってくることになります。これを繰り返すので津波は、海岸の周りに縛り付けられたようになります。そのため非常に長い間、津波が消えないということが起きるのです。またこうした津波の干渉もあるので、時間的に後の方できた津波の方が高いということも頻繁に起きます。

4　津波の高さ

波の高さは通常、波源から遠ざかるにつれて低くなります。例えば、1点から波が同心円状に拡がると、その円周が長くなります。波のエネルギーがどの円周でも同じだとすると、円周が長いほど各部分のエネルギーが小さくなるので、波の振幅が小さくなります。振幅は波源からの距離の平方根に反比例して小さくなります。後で述べる屈折の影響と併せて、波の幾何学的減衰と呼びます。

なお、この減衰とは別に、波が伝わる間に波のエネルギーが海底との摩擦などでも少しずつ減りますが、この効果による津波の高さ変化は、津波被害を受ける程度の距離ではあまり大きくありません。

海岸に達した時の津波の高さは、いくつかの理由で増減します。その一つは、海岸に近づくと水深が浅くなり、津波の速度が遅くなることで発生します。津波の盛り上がりの先端が岸に近づくと減速します、

一方、後の部分は、はるか後で減速していません。その結果、高速道路で起きるような

渋滞状態になります。高速道路の場合、車が上に重なることはありませんが、水の場合は可能です。その結果、津波が高くなるのです。この状態は水深と津波高の関係として表され、高さは水深の４乗根（平方根を２回求める）に反比例します。水深４０００ｍのところで高さが１ｍだったとしても、岸の近くで水深40ｍの場所に来ると、高さは３ｍ強になります。そしてこの津波が海岸（水深０ｍ）に達したとき、水深＝津波の高さと無理矢理考えると、計算上は海岸で５ｍほどになります。つまり、深い海で発生した津波は、海岸に来るだけで数倍の高さになってしまうのです。

ここまでの話は、津波の屈折や反射を考えない場合です。光の場合の凸レンズのように、屈折により波が集中すると、当然、津波が高くなります。逆に凹レンズのようになれば、低くなります。津波の屈折は、水深の変化で起きることはすでに述べました。例えば、半島のように突き出た地形では、その前方に浅い海が広がっていることが多いのです。このようなところで、津波は海の浅い方へ曲がるという原則を考えると、津波は半島に向かって集中します(図２-３)。その結果、津波は高くなるのです。

一方、中が広くなっているような湾では、入ってきた津波は周りに広がることになるので津波は低くなると期待されます。しかし実際には、湾の中の津波は単純ではありません。

例えば伊勢湾などのように、湾の大きさが津波の波長にくらべて大きいと、湾の中でも波の性質が現れます。基本的には、入ってきた津波は、周りの岸に向かって広がるように屈折しますが、岸で反射が起きます。反射した津波同士が合流することがあれば、そこでは高くなるのです。また、湾全体としての海の振動周期と津波の周期が一致すると、共振状態になり、大きな振幅になることもあります。

一方、津波の波長に比べて狭い湾の場合は、波の山の部分が到達すると、湾の内外の海

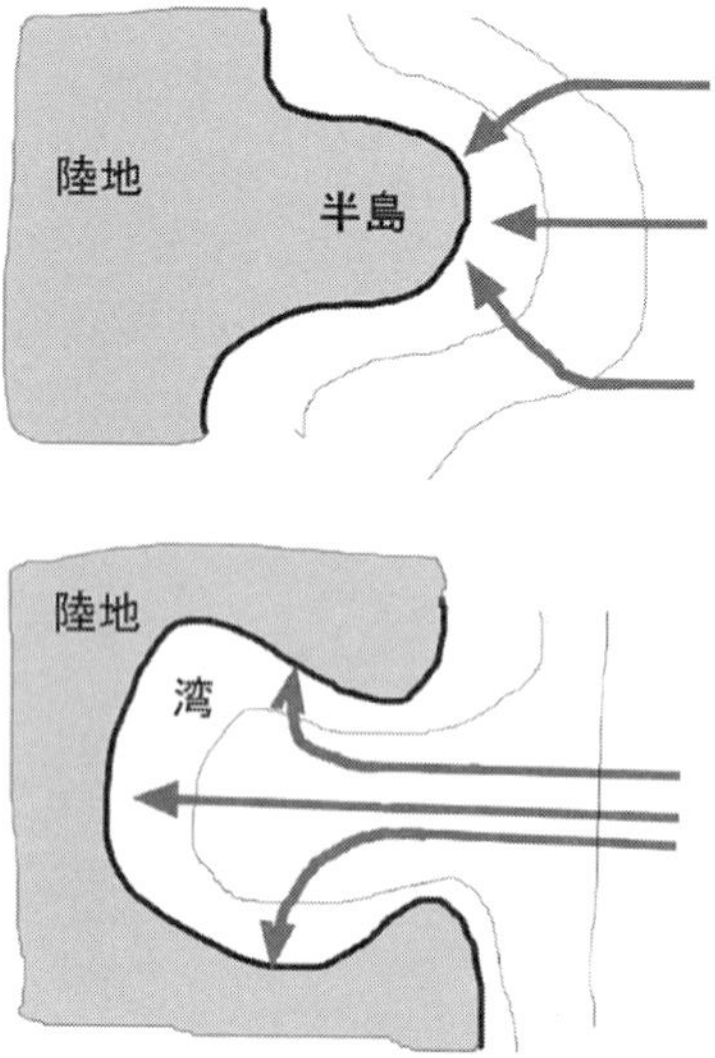

図 2-3　海底地形と津波の伝播

津波の屈折により，集中する場所と発散する場所が出てくる．ただしこれは津波の波長より大きい地形の場合である．

面が持ち上がった状態になります。そして、海水が湾から陸へ流れ込みます。特に湾の奥が狭くなっている場合は、海水は、両岸から絞り込まれるように流れ込むので、奥での水位ははるかに高くなります。

地形特に海底地形の効果で現れる現象があります。それは、段波[用)]と呼ばれるものです。陸地に近づくと海底が浅くなるので、津波が高くなることはすでに述べました。前面の進み方に比べて後が早いので、水が前面の上に覆いかぶさるように追いついてきます。その結果、津波の最前面の前は普通の海ですが、そのすぐ後は段を作って盛り上がります。何度も述べているように、その後ははるか後まで海面は高いままです。いわば海に高い水の段差ができ、それが陸地に進んでくる現象です。

もう一つも、海底地形が浅くなることから起きるのですが、こちらは分裂と呼ばれます。これは、津波の上に重なるようにして短い波長の波がいくつも立ち上がる現象です。これが起きる理由は、少し複雑なのでここでは省略します。この分裂による波が、ヘリコプターから撮影された海の映像にみられた波だと思われます。この分裂した波は、津波本体ではなくその上に載った波ですが、高い波であることには違いなく、破壊力を持った部分になります。

5 遡上用)

陸地に達した津波は、洪水の流れのように陸地に流れ込むことになります。海面の持ち上がりが大きければ大きいほど、流れ込む海水の量と勢いは強いのです。流れが強いままで斜面などにぶつかると、そこを駆け上ることになります。

その結果、海岸での津波の高さをはるかに越える高さまで登ることがあり、数十メートルの高さまで駆け上ることもよく見られます。当然、その最高点に達するまでは勢いのある流れであり、遡上する途中の家屋や車などを片端から押し流すことになります（図2-4参照）。

海岸から平野が拡がっている地域では、津波は、平野上をかなり奥まで流れ込むことになります。川や運河では、前方に障害物がないことと実質的に水深が深くなることから、陸地に比べさらに奥まで津波は遡ることができるのです。川の形状によっては、上流側で津波が堤防を乗り越える場合が出てきます。そのため津波は、海方向からだけではなく横方向はもちろん、極端な場合は海とは反対方向から来る場合もあるのです。

波の谷に当たる部分が来ると、それは海面がはるか沖まで通常より下がることを意味します。遡上した海水は、その低い方へ流れようとするので、巨大な引きの流れになり、海

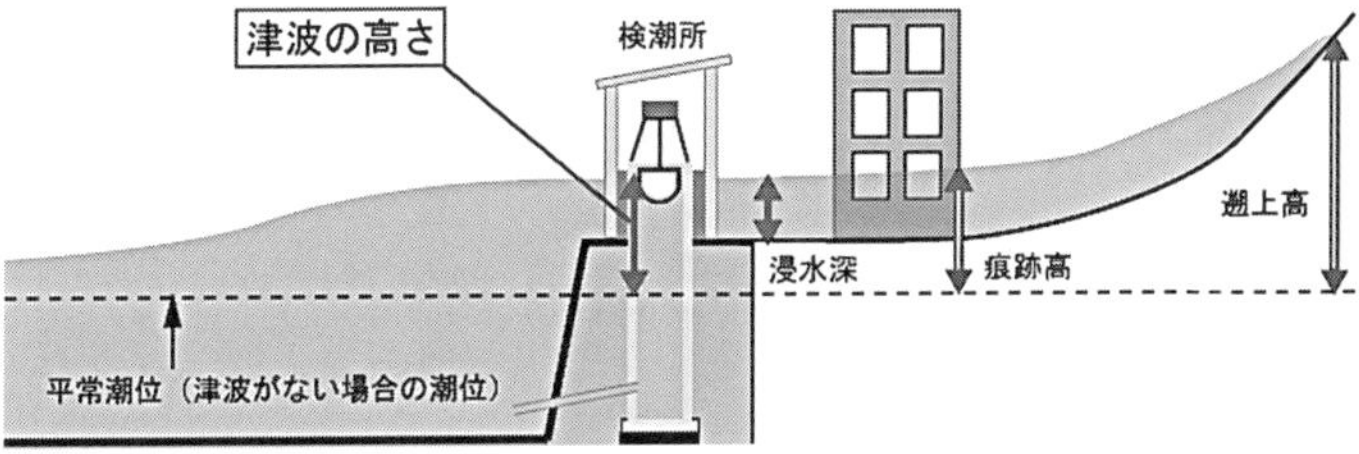

図 2-4　津波の高さ

津波の高さは津波のない平常潮位から津波によって海面が上昇した最大の高さ.

水と一緒に家屋などが海の方へ引きずりこまれることになります。

東北地方太平洋沖地震にともなった津波で、射流[用]という現象が起きたのではないかという指摘がなされています。同じ量の水が流れるとき、常流[用]と射流の二とおりの流れが起き得るのです。一つは、水位が高くてゆっくりと流れる場合（常流）で、もう一つは、水位が低く高速で流れる場合（射流）です。

例えば、川の中にある堰堤《えんてい》を考えてみます。堰堤を越えて下る流れは、堰堤に沿うようにして薄く速い流れになります（射流）。一方、その少し下では、川は水深も増してよりゆっくりと流れています（常流）。どちらも流れている水量は同じですが、流れのエネルギーが運動エネルギーに多く使われている方が射流です。

通常の津波は常流であると考えられますが、非常に高い津波の段波が陸に達したとき、堰堤を下るように水が流れ落ちて、高速で陸上を流れる場合があると考えられます。こうした流れが射流状態になる可能性があるのです。

もしこのような流れが起きると、大きな運動エネルギーを持つので、破壊力が大きいと考えられます。また、流れの下の地面などを掘り起こすような力も大きいのです。

6 津波の観測・計測

実際の津波観測はさまざまな方法でなされています。日本各地に験潮所[用]が設けられています。これは、海面の高さを常時記録する観測点で、通常の波の影響を避けるため、深めの場所に作られた導水管で海水が観測井戸に導かれ、その井戸での水面の高さが測定されています。

験潮所は、港近くの陸地に造られているので、津波が陸地に到達したときの高さを記録しています。そのため、そのときの津波については、防災などの面からはあまり貢献できないのです。

津波が陸地を襲う前に知るためには、できるだけ沖合に、計測装置を設置することが必要です。現在設置されているものには、海面上に置くものと海底に置くものとがあります。

前者は、海面上のブイで、ＧＰＳ[用]などにより海面と一緒に動くブイの位置を求めて、海面の上下変動を監視するものです。後者は、水圧の変動などを測定して、水面の変動量を測定するものです。これらの測定装置により記録された東北地方太平洋沖地震による津波のデータは、地震の解析には非常に有効ですが、残念ながら、直接は警報には利用できなかったのでした。

陸上での津波の高さやどのくらい奥まで津波が達したかは、津波後の現地調査で調べることになります。ニュースなどで報道されるように、建物の壁に残った水面の跡や、山肌に残った水流の跡などを測定するという地道な調査になるのです。陸上での津波の流速や破壊力の強さなどは、各地で撮影された映像などからも解析されます。

過去に発生した津波のうち比較的新しいものについては、古文書などによる被害記録から推定できます。もっと古いものや文書がのこっていない津波も、ある程度までは地下の地層などから同定できる場合もあります。

例えば、八六九年の貞観地震による大きな津波が東北地方を襲ったことは、東北地方太平洋沖地震の発生以前から、古文書に記載があることが知られていました。さらに東北地方における津波堆積物[用]などの研究からも、対応する大津波が明らかにされていました。

津波の際、海水とともに大量の海砂等が陸地に運ばれ、遡上した場所に残されます。また時として、津波石と呼ばれるような、大きな岩が津波によって陸地のかなり高い場所に運び上げられている場合もあります。もし、砂の堆積物が後の堆積物で埋められたなら、地層として地下に保存されます。

ボーリングなどでそうした痕跡を調べることで、過去の津波が海岸からどれくらい奥まで、またどのくらいの高さまで達したか、そして砂層の堆積年代からは津波発生の時期が推定できます。同じ時の津波によると判断される津波堆積層を海岸にそって追跡することで、津波波源域[用]つまり断層の広がりなども推定できます。

これまでに日本各地で、津波堆積物の調査[注]がさまざまな研究者によって進められています。そして、東北地方や北海道の太平洋沿岸で、通常の巨大地震の津波に混じって、数百年程度の間隔で非常に大きな津波が繰り返し発生している痕跡が発見されています。また西南日本でも同様に、大津波が繰り返していることが池の堆積物などから調べられています。その中には、特別厚い津波堆積層などが発見されており、巨大地震や超巨大地震の解明につながると期待されています。

津波堆積物の調査：「特集　日本列島をおそった歴史上の巨大津波」『科学』(2012 年 2 月号).

第3章

さらなる巨大地震に備える

古本　宗充

東北地方太平洋沖地震は、東日本大震災という日本の歴史の中で最大級の震災を引き起こしました。この超巨大地震の発生は、同様の地震が日本付近の他の沈み込み帯用）、千島海溝、伊豆―小笠原海溝、南海トラフ―琉球海溝などでも、発生する可能性があることを示しています。もちろん、これらすべての場所で必ず超巨大地震が発生すると、分かっているわけでもありません。どこで超巨大地震の可能性が高く、どこでは起きないということを判定できるためには、今後長く地道な研究が必要になると予想されます。

その間、私たちは漫然と結論を待っておればいいというはずはありません。自分たちの住む地域で、超巨大地震をも想定した防災・減災の取り組みが必要になります。本章の目的は、さらなる超巨大地震による災害に備えるために、駿河トラフから南海トラフにかけての地域において超巨大地震が起きた場合、どのような現象が起きるかについて考えてみることです。

ただし、内陸地震などが起こる危険性も考えなければならないことを強調しておきます。M9の地震を目の当たりにしたため、ともすればM7クラスの大地震すらさほどの地震と思えなくなっているなど、私たちの小さめの地震に対する意識が麻痺しているようにも思えます。これは災害に備えるという点からは危険なことです。巨大地震だけでなく、足下の活断層用）が動く可能性もあることを、常に想定しておく必要があります。

駿河トラフ―南海トラフにかけての領域は、長い海岸線と広い低地である海岸平野をもち、真上や背後に人口密集地帯と交通の大動脈があります。さらに浜岡原発もあります。もしこの地域で超巨大地震が起これば、その災害は、東日本大震災以上の甚大なものとなることは間違いないでしょう。

主たる目的は、大きな地震が発生したときの危険な現象を明らかにすることであり、超巨大地震が起きる／起きないということに関する議論はここでは省略します。もともと駿河トラフ―南海トラフ沿いでは、将来、連動型地震という超巨大地震に匹敵する地震が発生することは想定されています[注]。ですから、例えＭ９を超えるような超巨大地震が起きないとしても、東日本大震災の経験を踏まえながら、西南日本で非常に大きな海溝型地震[用]の災害を考えることは意味があると考えます。

一　連動型巨大地震と超巨大地震

本題に入る前に、この地域で想定されてきた最大地震である連動型巨大地震について簡単に述べておきましょう。これについては、この書物の別の所でも述べていますので、そちらも参考にしてください。

巻末のp.222「HPリスト」の「南海トラフの巨大地震モデル検討会」を参照

よく知られているように、この地域では、200～100年程度の間隔をおいて巨大地震が発生しています。駿河トラフ―南海トラフ沿いに4個ほどの断層（セグメントと呼ばれる）[用]が並んでいます。一つのセグメントでM8クラスの巨大地震を起こす能力を持っていますが、これらのセグメントは、時間的にばらばらで起きるのではなく集中して起きるのが特徴です。

この地域の過去の地震活動は、古文書などによりかなり昔まで遡ることができます。記述の不確かさや不完全さはありますものの、六八四年天武（白鳳）地震[注1]まで1300年ほど前まで遡ることができます。また、より以前の地震についても、津波堆積物[用]の研究などから徐々に明らかになりつつあります。

これらの分析により、巨大地震は複数のセグメントが連動する場合が多く、特に何回かに一度は全セグメントが連動してより大きい巨大地震になると推測されています。一七〇七年宝永地震[注2]（M8・6）は、こうした連動型巨大地震[用]の最後の例と考えられています。その発生からすでに300年を経過しており、次の活動期に、東海地震のセグメントだけでなく、全体が連動する巨大地震になるのではないかと心配されています。

では連動型巨大地震と、ここで問題にしているような超巨大地震との違いは何でしょうか。そもそも連動型巨大地震自体が、トラフ全域にわたって起きます。ですから、同じよ

1）天武（白鳳）地震：684（天武13）年11月26日，南海トラフ沿いの巨大地震と推定される白鳳南海地震（マグネチュード8.4）のことが『日本書紀』に記述されている．

2）宝永地震：1707（宝永4）年10月4日，中部・近畿・四国・九州の広い地域にまたがり，東海地震・東南海・南海地震が同時に発生した地震で，規模はマグニチュード8.6．

うな場所を震源とする大きな地震があったとしても、宝永地震のマグニチュード８・６を超えないのではないか、という疑問が出てくるでしょう。実際、東北地方太平洋沖地震が発生するまでは、基本的にはこれが最大規模であると考えられてきました。

東北地方太平洋沖地震の解析から分かった超巨大地震の重要な性質は、長期にわたって大きな歪みの蓄積があり得るということです。駿河トラフ－南海トラフでも、巨大地震を繰り返す一方で、同様の大きな歪みを蓄積しているのかも知れません。

ここのプレート境界では、フィリピン海プレートが４cm／年くらいの速度で沈み込んでいます。１５０年に一度、巨大地震が起きるとすると、地震間に蓄積される滑り可能な量は最大６mほどになります。連動型地震として面積が大きくなったとしても、この滑り量を超えることはできないことになります。しかし、次のようなことが起きているかも知れません。

巨大地震では、連動型も含めて地震時に滑る量が最大５mで、本来蓄えられた分との差１mはそのまま蓄えられるとします。その場合、２０００年間には十数mほどを蓄えることができます。そしてある活動時期に超巨大地震になるとすると、合計の滑り量は20mほどになります。断層面積がまったく同じでも滑り量が３倍になると、地震モーメント用）が３倍になり、マグニチュードが０・３大きくなります。つまり、ほぼＭ９になるのです。

二　超巨大地震による災害

1　広域災害

超巨大地震で深刻なことの一つは、断層が大きいことから災害が起きる範囲が広域になることです。これは連動型巨大地震でも同じですが、静岡から宮崎県あたりまで壊滅的な被害を受けたとき、その対策や救援活動が即座に全域へいき渡るのは非常に難しいでしょう。特に本来救援の拠点となるべき西南日本の県庁所在地などの主要都市自体が、機能不全や救援が必要な場所になる可能性があります。また東京も無傷ではすまないでしょう。

2　津　波

超巨大地震で津波が重大な問題になるのは、東北地方太平洋沖地震で経験したとおりです。津波は海底の上下変動によるものですから、断層の滑り量に比例して津波の高さも大きくなります。また、連動型巨大地震では断層の上端が地表（海底）に出てくるかどうかは不明ですが、超巨大地震では出てくると予想されています。この場合、トラフ軸付近での海底の変位量はさらに大きくなるので、津波はもっと波高を増すことになります。

このように考えると、超巨大地震からの津波は、もともと大きな津波が想定されている連動型巨大地震の場合の2～3倍以上になると思われます。

西南日本では、沈み込み帯に直接向き合う形で、いくつかの海岸平野が発達しています。これは東日本大震災の場合の仙台平野に相当しています。その一方で、紀伊半島の海岸はリアス式であり、三陸海岸に似た地形になっています。つまり東日本大震災でみた津波被害が再現される可能性が高いのです。

一方、違っている所もあります。伊勢湾や紀伊水道―大阪湾など陸地に深く入り込んだ湾と、その奥の大きな低地の存在です。こうした深い湾の奥にある地域も、これまで経験したものより高い津波に襲われると思われます。津波が通常の巨大地震よりも高くなるので、さらに紀伊水道や豊後水道から侵入する津波により、瀬戸内海全域の沿岸部でも、これまで経験したことがない大きな津波が襲う可能性が高いのです。

これらの地域では、津波への警戒が弱いうえに、工業地帯が広がっています。燃料タンクなどが津波に襲われ、火災などが起きれば、「火の津波」となる危険性を含んでいます。津波から逃げるという点でも問題は多いのです。一つは、断層が陸地に近いため津波が襲来するまでの時間が短いことです。さらに次の地震動の所でも述べますが、断層が長いので地震動の継続時間が非常に長くなります。地震動は数分間続く可能性があるでしょう。

大きな揺れに対する不安の中で、津波から逃げるための行動を素早く起こす必要がありますが、これはなかなか難しいことかも知れません。もちろん、津波警報を確認していては致命的な遅れにつながるおそれがあります。また大きい平野部では、逃げるべき高台がすぐそばにないだけでなく、両側を河川で挟まれている地域も多いのです。このような場所での逃避場所をどうつくるか、また高層の建物を臨時の避難場所と考えたとしても、夜間に入れるようにするにはどうするかなど課題も多いといわなければなりません。

さらに超巨大地震では、津波が地盤と絡む点で二つの問題点があります。それは、液状化と地殻変動による地盤の沈下です。これについては後の方で述べることにします。

3　地震動

東北地方太平洋沖地震では地震規模が大きいので、被害を受けた建物の数は多いが、当初予想されたよりは、地震動だけによる被害は少なかったようです。その原因の一つとして、建物に被害をもたらすような周期である1Hz付近の成分が少なかったことが挙げられています（東京大学地震研究所、二〇一一）[引]。断層は非常に大きかったし、滑り量も大きかったが、断層そのものがいわゆる直下ではなく陸地から離れていたことが、地震動を小さくしているはずです。

それでも、なぜ1Hz付近の成分が比較的小さかったかは、まだよく分かっていません。

東京大学地震研究所, 2011, 2011年3月東北地方太平洋沖地震, http://outreach.eri.u-tokyo. ac.jp/eqvolc/201103_tohoku/

同様の性質がこれからの超巨大地震でも起きるかどうかは不明です。逆に１Hz程度の周期を持つ成分が大きくなる場合もあり得るでしょう。

　西南日本の場合に大きな問題は、断層が陸地の下にまで伸びると考えられることです。超巨大地震に限らず、西南日本の巨大地震は海溝型地震であるとともに、海岸付近の地域にとっては直下型地震[用]でもあります。非常に大きな地震動に警戒しなければなりません。平野部の軟弱地盤では、振幅が増幅されることも考慮しなければなりません。一方、内陸部でも、これまで内陸地震でみてきたような斜面崩壊なども起きうるでしょう。

　断層が大きい（長い）ことから来る地震波の特徴として、地震で揺れる時間が長くなることがあります。断層の破壊する速度は２～３㎞／秒です。もし断層の長さが８００㎞あるとすれば、端から端まで切れ終わるのに短くとも３００秒かかることになります。これに、断層がどちら向きに切れるかによる影響が加わります。

　いま、断層運動が駿河湾から始まり、九州方面に向かうとします。この時静岡では、破壊開始後から終わるまでにかかる３００秒の他に、最後に九州付近で放射され８００㎞の距離を伝わる時間が加わることになります。伝播速度は想定する波の種類によりますが、表面波を考え３㎞／秒とすると、さらに３００秒程度かかることになります。合計すると、６００秒間揺れが続くことになるのです。静岡の先にある関東でも、同じ時間になります。

逆に破壊が九州近くから始まれば、地震動の継続時間は短くなりますが、それは別の問題を持っています。断層全体から順次放射された地震のエネルギーが、比較的短時間に詰め込まれることになり、波の振幅が大きくなってしまうのです。関東地区を心配するとすれば、破壊が南西→北東と関東方向に近づく方が問題が大きいことになります。

近年、大きな構造物が増えてきたことにより、周期数秒前後の比較的周期の長い地震波成分が問題になってきています。高層ビルや大きなタンクが自然に揺れる周期と同程度の周期であるため、共振用）が起きて大きな揺れになるからです。超巨大地震では、断層運動の継続時間が長いうえに、平野などに入ってきた長周期地震動用）のエネルギーは、なかなか減衰しないので、長く振動が続くことになります。建物やタンクが、このような長い振動状態に耐えられない場合も出てくると予想されます。

4 液状化

東北地方太平洋沖地震では、広範囲で液状化用）が発生しました。理由の一つは、断層が大きいので強い地震動になった領域が広いことですが、もう一つの理由として、地震動が長かったことが挙げられます。西南日本でも、平野部をはじめとする低地や河川の近くなど、広い地域で液状化が起きると予想されます。また、内陸でも、盆地などで液状化が発生する可能性が高いと思われます。

同様の液状化が西南日本の海岸部で起きれば、堤防が沈降したり崩壊します。特に濃尾平野などでは、海抜0m地帯が広く存在し、堤防で守られています。もし、震動で堤防が破壊されるような事態が起きれば、それだけで深刻な災害になりますが、津波の被害をより大きなものにするでしょう。

堤防などの破壊は海岸だけでなく内陸の河川堤防でも起きえます。濃尾平野の例でいうと、一八九一年、濃尾地震の際には堤防に大きな被害が出ています。また、ため池などの堰堤も、大きくて長い振動に耐えられないものが出てくる可能性があるでしょう。

5 地盤沈下

断層運動が大きいために、断層の下端側の真上の付近を中心に、地盤の大きな沈降が起きます。東北地方太平洋沖地震では、断層が陸地よりも海側に出ていたので、主に海岸部だけが沈降しました。これらの位置は、断層の端である海溝軸から200㎞程度離れた場所です。

しかし、駿河―南海トラフ沿いの超巨大地震では、トラフ軸がもっと陸地寄り（断層の位置が陸地に近い）であるために、沈降の中心が内陸にきます。トラフ軸から200㎞の位置を考えると、濃尾平野、大阪平野、そして瀬戸内海付近でも、沈降が起きるかも知れません。最悪の場合には、堤防の破壊と地盤の沈降が重なったうえに、大きな津波が来ることになるのです。また場所によっては、地震後も長期にわたって、海水面以下になる場合も出てくると思われます。

6　誘発地震等

東北地方太平洋沖地震直後から、大きな内陸地震が誘発されました。Ｍ９クラスの地震の後のために私たちの感覚が麻痺していて、Ｍ７クラスの地震ですらあまりたいしたことでないよう気持ちに陥りますが、兵庫県南部地震のマグニチュードがＭ＝７・３であったのを考えれば、実はかなり大変な事態なのです。

もし、西南日本で超巨大地震が起きた場合、同様の現象が起きる可能性が高いのです。当然、そうした誘発地震用）が都市直下で起きる可能性も高くなるでしょう。他にトラブルがないときに内陸地震に襲われるのより、さらに条件が悪くなります。また、日本列島の通常の応力場用）では発生しないタイプの断層運動も誘発されるでしょう。もし、原発周辺にある断層で、このような通常動かないタイプの断層と判定され、活断層用）とされていないようなことがあれば問題です。

駿河トラフのプレート境界は、富士川河口で上陸して糸魚川－静岡構造線につながっています。このような構造線で大地震が誘発もしくは連動する可能性も、考えなくてはならないでしょう(石橋、二〇一一)引)。逆方向の琉球海溝への波及も、考えておく必要があります。

また、一七〇七年宝永地震の直後に、富士山の宝永噴火が起きています。地下での大きな応力変化を考えれば、西南日本での火山噴火の誘発も、織り込んでおく必要があります。

三　超巨大地震に備える

西南日本での地震を念頭に、超巨大地震で起きるであろうと思われることを論じてきましたが、震災の具体的内容や防災・減災という観点からの議論は行えませんでした。各地の平野をみても、地震に対する防災という面からは、かなり無防備な状態で「発展」をしてきています。一九九五年阪神淡路大震災で問題になった、都市にある古い木造住宅の問題なども、積み残されたままです。

名古屋や大阪のような巨大都市が大津波に襲われた経験もまだありません。実際に襲われたとき、何が起きるかは分からない点が多いのです。コンビナートの問題については、すでに少し触れましたが、大きな問題を抱えています。これまでの震災である程度被害経験のある電気やガスといったインフラ以外にも、地下鉄やビルの地下といった都市の地下

石橋克彦，2011，東海地震の原動力はPHSプレートの沈み込みだけか—2011年東北地方太平洋沖地震が示唆すること—，地震学会秋期大会講演予稿集，A21-07.

空間、高速道路や新幹線などの物流の大動脈、高層住宅など、新しい災害につながりそうなものは数多くあります。さらに、西南日本には浜岡原発をはじめとする多数の原子力発電所があります。特に断層の真上にある浜岡原発が、超巨大地震に耐えきれるとは思えません。寺田寅彦[用]は、文明が進むほど災害の規模は累進的に増加することを警告しています。このことは心に刻むべきでしょう。

ここで述べたような超巨大地震が起きるとすると、現状では、甚大な被害が出ることが憂慮されます。かといって、それに対する完全な防災はすぐには無理でしょう。一つの考え方としては、災害をできるだけ減らす、減災という考えを進めることです。ここで述べたような地震がいずれ起きるものとして、あらゆる面で少しずつでも、地震や津波に強い国づくりを進めるべきです。

私たちがまだどの程度の時間を持っているかはまったく不明ですが、超巨大地震を想定すれば、1000年スケールの話であり、国家100年の計としても間に合う可能性を持っています。もちろんゆっくりやってよいという意味ではありません。

学校を筆頭に、いろいろな物の耐震化をはじめとするハードウエアの減災化はもちろん、防災・減災意識を含めて自然災害と向かい合う文化の育成など、ソフトウエアの面でも行うべきことは山ほどあると考えます。

第4章

東北地方太平洋沖地震

——何が起きたのか、何を考えたのか

鷺谷　威

一　二〇一一・三・一一　霞ヶ関にて

二〇一一年三月一一日午後二時四六分、私は、霞ヶ関にある文部科学省16階で、地震調査研究推進本部用)の会議中でした。

携帯電話が震えてメール着信を知らせました。2日前にマグニチュード(M)7・3の地震が起きて以来、余震が頻発し、そのたびに緊急地震速報がメールで届いていました。また地震か、と思っていると、「宮城沖、M7・9」という声が聞こえました。ついに宮城沖の地震が起きたか、それにしてはマグニチュードがだいぶ大きいな、と思っている間に建物が揺れ始めました。

正直なところ、東京にいる自分が宮城県沖の地震で身の危険を感じるようなことはないと思っていました。しかし、実際の揺れは今までに経験したことがないくらい大きく、思わず両手で会議机を押さえて体を支えました。そして、右に左にと揺らされながら、「これはただの宮城沖ではない」とも直感していました。

文部科学省のビルは、3年前に新築された免震構造で、地震の揺れをしなやかに受け流すような構造になっており、大きく揺れても大丈夫なのですが、ひとたび揺れ始めるとなかなか止まりません。地震波が通り過ぎた後も10分以上も揺れ続けたでしょうか。

周囲のビルから外に避難してきた群集や遠くで発生した火災の様子を眺めたり、大きな余震で再び揺らされたりしながら、ノートパソコンを開き、インターネットで地震の情報を探ってみました。

通常、地震の観測情報を速報している防災科学技術研究所H)のページは、停電の影響か地震後間もなくしてアクセスできなくなってしまいました。仕方なく、アメリカの合衆国地質調査所（ＵＳＧＳ）H)のページを見て目を疑いました。そこには地震の規模についてＭ８・８（本震発生38分後の最初の公表値、最終的に９・０に修正）という数字が示されていたのです。緊急地震速報で知らされたＭ７・９に対して20倍以上のエネルギーであり、自分が経験した異常に大きく長い揺れにも合点がいきます。

この時点で私は、日本で過去に記録されたことがない大地震が起きたことを理解しました。何とも皮肉なことですが、日本の地震調査研究の中枢ともいうべき場所にいながら、今回の巨大地震の真の規模をアメリカ経由で知ったのでした。当然、巨大な津波が押し寄せることは想像できましたが、すでに三陸海岸には大津波が到達している頃でした。沿岸部の人たちがとにかく逃げ切ってくれていることをただただ祈りながら、津波が仙台平野の沿岸に迫っていく映像、仙台空港で多くの車が津波に押し流されていく映像がテレビに映し出されるのを呆然と眺めていました。

二　東北地方太平洋沖地震の概要

二〇一一年東北地方太平洋沖地震（以下、東北沖地震）は、M9・0という日本の観測史上最大の巨大地震であり、この規模は、二〇世紀以降に世界で発生した地震の中でも4番目の大きさです。地震は、地下の岩盤が断層運動をともなって破壊する現象ですが、宮城県の東方沖の深さ20km付近から開始した断層運動は、北は三陸沖から南は茨城沖まで長さ400km、東西方向の幅200km程度の範囲で広がったと考えられます。特に破壊が始まった宮城県の沖合では、最大約60mという、とてつもなく大きな断層のずれが生じたと考えられています。

世界で起きるM9クラスの巨大地震は、例外なくプレート用）の沈み込み帯用）で発生しています。地球の表面は、十数枚の固い岩盤（プレート）に分かれており、それぞれのプレートは異なる向きに運動するため、二つのプレートが接する境界では、プレートの衝突や沈み込み[用]が発生します。

東北地方の太平洋側では、太平洋プレートという巨大な岩盤が日本列島の下に年間８～９㎝程度の速度で沈み込んでおり、海底に見られる千島海溝、日本海溝といった深い谷状の地形は、これらのプレートの沈み込み口にあたります。東北沖地震では、この沈み込んだ太平洋プレートと日本列島の陸側プレート（北アメリカプレート）が接する境界面が破壊し、非常に広い範囲に断層のずれが生じました。

地震計で記録された東北沖地震による地震動の波形記録を見ると、プレート境界の断層が単に広い範囲で大きく破壊したというだけではなく、それぞれがＭ８級の規模を持つ三つの大地震が連鎖的に発生したように見えます。最初の２発は宮城県沖あたりを中心とする一方、最後の３発目は茨城・福島の県境あたりの沖で起きています。

こうして時間差で大地震が連動した結果、長いところでは断続的に３分程度にわたって強く揺すられ続けました。揺れが単に強かっただけでなく、揺れの継続時間が長かったことで、原子力発電所を始めとする大規模な構造物に甚大な被害を生じたり、広い範囲で地盤の液状化が起きたりしたと考えられます。

東北沖地震の特徴の一つは、プレート境界面の断層の広がりの中でも、特にプレートの沈み込み口である海溝のごく近傍で、最大約60mという特別大きい断層運動が生じたことです。このような断層運動が起きたことの第一の証拠は巨大な津波の発生であり、第二にGPS[用)]と音響による水中での距離測定を組み合わせた海底地殻変動観測システム[用)]で、地震前の測定結果と比べて海底で最大30m近い東向きの移動が検出されたことがあります。さらに、地震前後の海底地形の比較から、海溝軸から西側の陸側斜面が、最大50m程度東向きに移動したことも分かっています。

これら複数の観測データに加え、地震波形の解析からも同様の結論が得られています。ただ、このような巨大な断層運動がなぜ生じたのかについては、いまだ明確な解答が得られていません。

やや専門的な話になりますが、海溝から数km以内の浅い部分で巨大な断層運動が生じた理由としては、大別すると以下に挙げる二つの可能性が指摘されています。一つは、そこが長期間にわたって固着していたため、大きなエネルギーを蓄積していたという解釈です。

今回の地震で特に大きい断層運動が生じた場所は、少なくとも過去100年以上にわたって大地震を起こした形跡がなく、長期間固着したままでエネルギーを蓄積していた可能性があります。この地域のプレート運動速度は年間８㎝程度ですから、60ｍの断層すべりは約７５０年分のプレート運動に匹敵します。このことは、今回の地震は５００年から１０００年に一度のイベントと考えられていることと概ね一致しますが、周囲では数十年ごとに地震が起きているなかで、ここだけ数百年も固着していられたのはなぜか、という問題が残ります。

大きな断層運動の原因に関する二つ目の解釈は、何らかの影響によって断層面の摩擦が急激に低下し、極度に抵抗が少ない状態が生じたために大きくずれたというものです。毎秒１ｍを超すような高速の断層運動が起きると摩擦熱が発生し、断層面付近に存在する流体の圧力（間隙圧）を増加させます。この圧力によって断層面を押し広げるような力が働いて、断層面にほとんど摩擦が生じない状態になり、無抵抗状態で断層がすべり続けて、大きなすべりを生じる可能性が指摘されています。

プレート境界の浅部では、プレートは海溝から沈み込んだばかりなので水分が多く存在しており、わずかなきっかけでこのような現象が発生する可能性があります。今回は、プレート境界の深部で発生した地震がきっかけとなって、浅い部分が大きくすべってしまったという解釈が可能です。この後者の立場に立つと、プレートが沈み込んでいる場所なら基本的にどこでも、今回のような巨大な断層すべりや、それによって引き起こされる巨大津波が生じる可能性があることになるのです。

このような解釈は、地震活動の中長期的な予測を困難にするという意味で、防災上重大かつ深刻な意義を有しています。

東北沖地震では、巨大な断層運動によって、東日本が大きく変形しました。国土地理院のGPS観測結果によれば、震源に近い宮城県の牡鹿半島が東に約5・5m移動し、約1m沈降しました。東北地方の日本海沿岸部も1mほど東へ移動していますが、東北地方は、最大で4mほど、東西方向に引き延ばされたことになります。

今回の地震が発生するまで、東北地方は年間2cm程度の速さで東西方向に短縮していました。単純に計算すれば、今回の地震では過去約200年で短縮した分が一気に解消されたことになりますが、実際には、地震前の地殻変動には地殻が永久変形する分も含まれるため、地殻ひずみの収支から考えても地震の再来間隔はもっと長く、前に述べたような500年から1000年という間隔のほうが妥当です。

一方、東北の太平洋岸は、少なくとも過去50年以上、年5～10mm程度の速度で沈降を続けていたのです。実は、この地域は10万年程度の地質学的な時間スケールでは年0・5mm

程度の隆起傾向にあることが海岸の地形から明らかになっています。

両者を矛盾なく説明するために、大地震の発生時には海岸付近が大きく隆起すると考えられていた注）のですが、実際には最大1m程度の沈降が生じてしまい、謎はますます深まるばかりです。

東北日本では、太平洋プレートの沈み込みによって東西方向の圧縮力が支配的でしたが、東北沖地震の影響で東西方向に大きく引き延ばされ、力のバランスが大きく変化しました。それを端的に示すのが、本震発生1ヵ月後の四月一一日に、福島県浜通りで発生したM7・0の余震用）です。この地震は、地盤が東西方向に引き延ばされるようにして起きた正断層用）型の地震であったことが、地震波の解析から分かっています（7頁の「コラム」参照）。

日本列島は複数のプレートが互いに収束している場所に位置しており、日本列島の地殻内で起きる地震のほとんどは、地盤が短縮運動にともなって起きる逆断層用）や横ずれ断層用）です。今回のように、大規模な正断層の地震が起きることはきわめて珍しいのです。

このような地震の発生自体が、東北沖地震で日本列島の地殻における力のバランスが大きく変化したことを如実に表しているといえます。この福島の地震以外にも、長野・新潟県境（三月一二日、M6・7）、秋田県沖（三月一二日、M6・4）、富士山麓（三月一五日、

隆起すると考えられていた：安政の大地震も隆起．大正関東地震も隆起が大きかった．大正関東地震時より南海地震のときにいっそう隆起が大きかった．

M6・4）など大規模な地震が震源域から離れた日本のあちこちで発生しています。日本列島は地震活動が活発な状態にあるといえるでしょう。

常識的には、このような状態が解消するには、短くとも数年、長ければ数十年単位の時間がかかるものと考えられています。今回の地震と似た地震が過去に起きたと推測されている八〇〇年代後半は、全国的に地震や火山の活動が活発でしたので、今回も同様な事態が起きると考えるべきでしょう。

三　なぜ想定できなかったのか

東北沖の巨大地震を引き起こしたエネルギーは、太平洋プレートの運動によって蓄積したものです。プレートが沈み込んでいる場所(プレート境界)では、陸側プレートと海側プレートが固着している場所と、固着せずにずるずるずれている場所があると考えられています。

前者は「アスペリティ」用）と呼ばれ、その分布が分かれば、大地震が発生し得る場所を特定できると考えられてきました。東北地方の沖合では、過去100年ほどの間に発生し

アスペリティ：「用語解説」と74頁の「コラムの図」をご参照ください.

た大地震の解析や、通常発生している微小地震の解析などにより、アスペリティの分布が推定されていました。

また、宮城県沖では、地震調査研究推進本部により、過去の地震発生履歴からM7・5クラスの地震が今後30年間に発生する確率が99%と評価されていました。そのため、文部科学省により「宮城県沖地震における重点的調査観測」（平成一七～二一年度）が実施され、来たるべき大地震発生に備える目的で陸上および海底に観測網が整備されたなかで今回の東北沖地震が発生したのでした。

今回の地震では、震源域が海域であるにもかかわらず、震源のほぼ直上付近で、海底地震計、海底水圧計、GPS・音響結合方式による地殻変動観測などのさまざまなデータが記録されており、これらのデータが、巨大地震のメカニズムを解明していくうえで世界的に見ても大変貴重なものであることはいうまでもありません。

しかしながら、これだけよく調べられていた地域で発生したにもかかわらず、実際に発生した地震の規模は、事前の予想をはるかに上回ってしまいました。なぜこのようなことになったのでしょうか。

過去100年ほどの間に起きた地震の震源域と今回の震源域を図に重ねて示しました

（図4-1）。この図から、今回の震源域が、宮城沖や福島沖のアスペリティを破壊すると同時に、これまでアスペリティが知られていなかった沖合で特に大きな断層すべりを生じていたことが分かります。ここでは、少なくとも過去１００年以上にわたってプレート境界が固着用）し続けていたため、アスペリティの存在が見落とされてしまっていたことになります。

アスペリティに基づく地震発生の予測は、プレート境界のそれぞれの場所では、地震のおこり方がだいたい決まっていて、毎回、同じようなことが起きるという考えが根底にあります。このような考え方は「固有地震説」用）と呼ばれ、地震発生予測を行ううえでの基本とされてきました。

東北沖地震は、地震の発生の仕方は同じ場所でも多様性があり、過去数百年程度の限られた期間の情報だけを用いたのでは、予測結果が偏りを持ってしまうことを示しました。後述するように、今回の地震と似たような地震が過去に発生した可能性もあり、現時点で必ずしも固有地震説が否定されたというわけではありませんが、少なくともその適用には慎重を期す必要があるでしょう。

一方、固有地震説とは異なり、地震の発生の仕方はまったくランダムで、基本的に予測できないと考える専門家も多いのです。ただ、そのような場合でも、地域ごとに見た地震の発生の仕方には統計的な規則性があります。簡単にいえば、地震発生頻度が地震規模（マグニチュード）に対して指数関数的に減少するというもので、発見者の名前を冠してグー

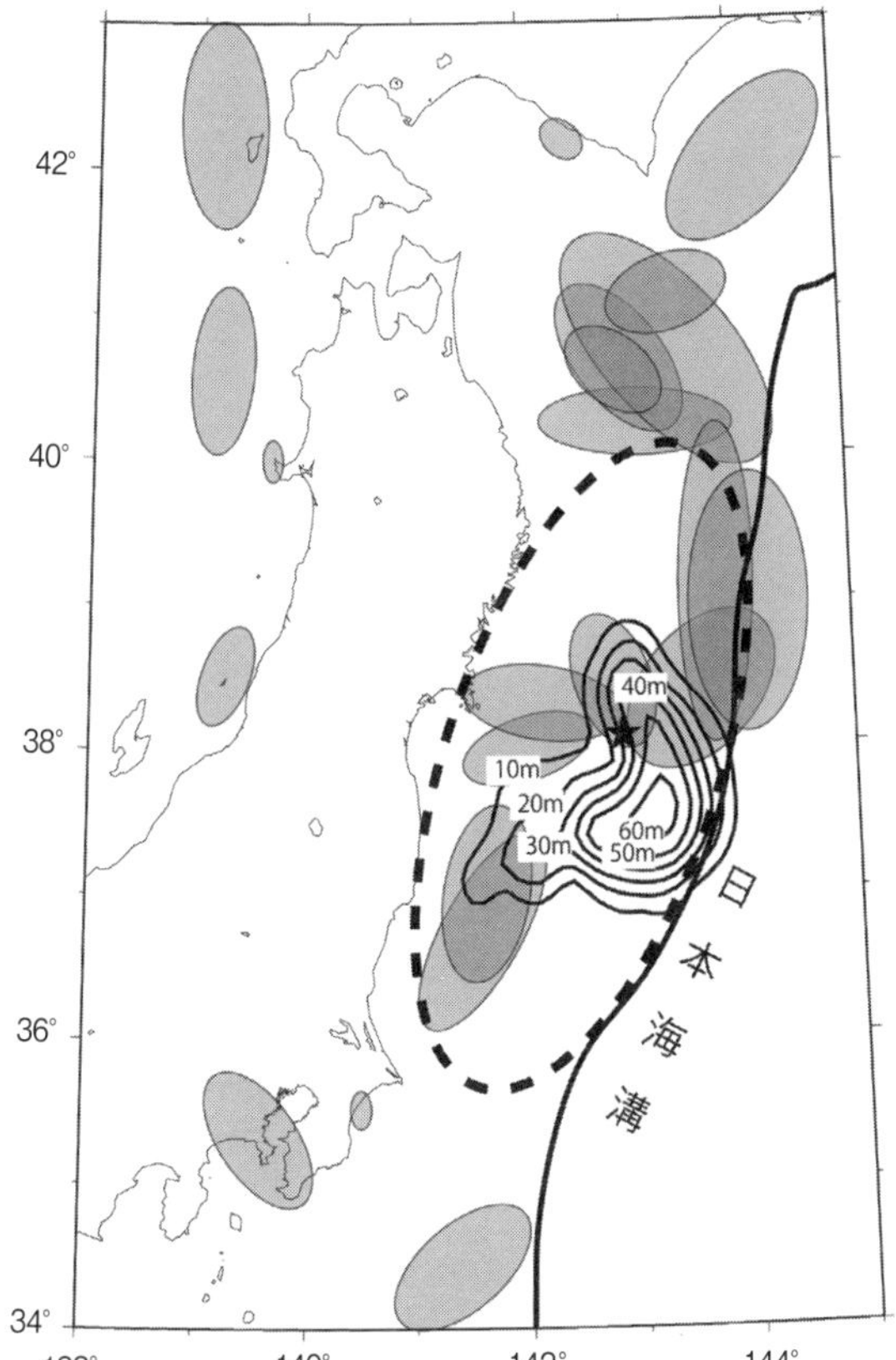

図 4-1　東北沖地震の震源域

星印は震央．太い破線の楕円は余震分布から推測される震源域の広がり．等値線は GPS データから推定した断層すべり量の分布．灰色の楕円は，1885 年以降の主な地震の震源域．

テンベルグ・リヒターの法則[用]と呼ばれています。

このような法則によれば、大地震の発生が記録されていない場所でも、通常起きている地震活動のデータに基づいて、そこで起き得る最大規模の地震の推定を行うことが可能になります。

二〇〇八年には、そのような論文が公表され[注]、世界中のプレート沈み込み帯では、どこでもマグニチュード9の地震が起こり得る、という衝撃的な結論が提示されていました。この論文では、日本海溝周辺で起きる地震の最大規模はM9・0とされており、図らずも今回の地震を予言するような結果となりました。

今回の東北沖地震は、地震・津波や火山噴火などの巨大自然災害に対する対処の難しさを端的に示すものだといえるでしょう。このような現象の発生確率を正当に評価することはたいへん難しく、また、評価できたとしても、単位時間あたりの確率が非常に低く、その切迫性を的確に指摘できるケースはごく限られるため、事前の対策が困難な場合も多いのです。これは、地震に限らず低頻度の巨大災害全般に当てはまる問題です。

とは言え、現在の自然科学をもってしても、巨大地震発生の可能性について何らかの兆候をつかめなかったのでしょうか。実は、まったく異なる二つの研究が、巨大地震発生の

そのような論文：
Robert MaCaffrey (2008) Global frequency of magnitude 9 earthquakes, Geology, 36, 263-266.

可能性を示唆していたのです。

一つは、一九九〇年代後半に発展したＧＰＳの観測データです。国土地理院の西村卓也博士が二〇〇四年に発表した論文[注]では、陸上のＧＰＳ観測点の動きに基づいて推定した東北沖のアスペリティが、宮城県沖で想定されていたアスペリティよりもかなり大きな広がりを持ち、一九三八年に起きたＭ７クラスの地震が過去４００年間で唯一の地震活動と考えられていた福島県沖でも、プレート境界の固着[用]が見えていました。ただ当時は、陸上の観測点のデータしか使えなかったため、沖合、特に海溝寄りのプレート境界がどのような状態かについては、ほとんど情報がなかったのです。そのような事情もあり、ＧＰＳデータの解析結果の議論は中途半端に終わってしまっていました。

巨大地震発生の可能性を示すもう一つの研究は、過去の津波の痕跡に関するものです。仙台湾に面した石巻や仙台平野では、明治時代以降に津波の記録はなかったのですが、「日本三代実録」[用]という古文書には、貞観《じょうがん》年間の八六九年に大地震と津波がこの地域を襲い、当時国府のあった多賀城で１０００人が亡くなったとの記載が残されていました。

この貞観地震・津波については、一九九〇年頃から研究が始められ、海岸のボーリング調査で津波の浸水範囲が特定され、そのような津波を生じる地震のモデルも推定されてい

西村卓也博士が 2004 年に発表した論文：
Nishimura, T, T. Hirasawa, S. Miyazaki, T. Sagiya, T. Tada, S. Miura, and K. Tanaka (2004), Temporal change of interplate coupling in northeatern Japan during 1995-2002 estimated from continuous GPS observations, Geophys. J. Int., 157, 901-916.

いた浸水域とほぼ一致していたのです。

ました。そして、今回の津波によって浸水した範囲は、このような調査の結果想定されていた浸水域とほぼ一致していたのです。

一方、宮城県から岩手県にかけての三陸海岸を襲った津波は、場所によっては遡上高（斜面を駆け上がった津波の最高到達点の高さ）用）が40mに及ぶ大規模なものでしたが、この地域は過去に一八九六年の明治三陸津波、一九三三年の昭和三陸津波、一九五〇年のチリ地震津波などを経験しており、場所による違いはあるものの、このような過去の経験から大きくはずれるものではなかったのです。

このように、東北地方を襲った津波は、決して想定外ではなかったのです。ただ、残念なことに、貞観津波に関する研究成果がまとまったのは二〇一〇年のことで、このような想定に基づく防災対策を推進しようとしている矢先に地震が発生してしまいました。実は、冒頭で紹介した文部科学省の会議では、この貞観津波の研究成果などを踏まえた、海溝型の地震用）に関する新たな調査研究の内容が議題に挙げられていました。まさにあと一歩というところでしたが、結果的に対策が手遅れだったことに変わりはなく、反省すべき点は多いといわなければなりません。

津波堆積物用）の調査は、貞観の津波による浸水域が福島県にも及んでいたことを示していました。こうした研究がもう少し早く進んでいれば、福島第一原子力発電所の津波想定が見直されていた可能性があります。もう少しで手の届くところだったからこそ、被害を未然に防げなかったことを悔やんでも悔やみきれません。私たち地震研究者は、このような苦い経験をしっかりと語り継ぎ、今後の研究に生かし、同じ過ちを2度と繰り返さないようにするしかないでしょう。

東北沖地震では、茨城県や千葉県の太平洋沿岸にも津波が押し寄せて被害を生じましたが、これらの地域の過去の津波の履歴については、まだ分からない点も多いのです。今後さらに詳細な調査が必要です。

四　東北沖地震の経験から学ぶべきこと

東日本大震災による死者・行方不明者は、二〇一一年9月現在で約2万人に上ります。この数は、一九九五年の阪神・淡路大震災をはるかに超え、一八九六年の明治三陸津波の人的被害にほぼ匹敵します。これだけの人的被害が生じたのは、日本の災害史においては、一九二三年の関東大震災以来のことです。

日本の地震学は、過去の大震災のつらい経験を糧として発達してきました。今回の被災地の状況を見るにつけ、無力感に囚われそうになりますが、これまでの研究や対策で不足していた点を明らかにし、将来の災害軽減に向けて努力していくことが、私たち研究者の責務です。以下では、今後どのようなことを検討すべきか考えてみましょう。

日本列島周辺で起きる大地震について、内陸の活断層用)で起きる地震は、どこで何が起きるかよく分かりませんが、日本海溝沿いや南海トラフなどのプレート境界で発生する地震については、ある程度理解できたと、私を含め多くの地震研究者は考えていたように思います。しかし、東北沖地震によって、そのような自信が幻想に過ぎなかったことを思い知らされました。地震研究者は、原点に立ち返って、これまで積み上げてきた科学的知見や常識を一つずつ再確認しながら、新たに構築していく努力を求められています。

そのような見直しの対象には、長年続けてきた地震予知研究や、近年行われている長期予測、強震動注)予測といった内容も当然含まれます。また、地震学の基礎研究においても、地震防災といった応用面をより強く意識した問題設定やアプローチが求められることになるでしょう。

そのような一例として、地震・津波の速報システムについて少し考えてみましょう。冒

強震動：「建物等に被害を及ぼす強い揺れ」のことを意味する.「強震動予測」は，想定された地震に対する震度分布の予測やさまざまな地震の想定を総合的に評価して得られる，各地点で一定以上の揺れ（震度）が生じる確率などを意味する.

頭で紹介した私自身の体験談には、現在の地震・津波の速報システムの問題点が現れています。現在の技術で地震発生を速報的に知らせることはできますが、津波警報を出すにあたって決定的に重要となる巨大地震の地震規模の推定には致命的な問題があります。現在の速報システムは、Ｍ８くらいまでの地震については対応できますが、それ以上の規模になってしまうと的確な推定ができないのです。

現在の緊急地震速報では、地震計が記録した揺れの振幅に基づいて地震規模を算出します。このような解析で決まるマグニチュードは８・４あたりで飽和してしまい、それ以上は決まらないのです。Ｍ９・０という地震規模を的確に求め、それに基づいて津波の情報が出せていれば、もう少し避難が迅速にできていたかも知れないと思うと、巨大地震まで適用可能な規模推定法の開発が急務です。

このような推定方法の改良について、気象庁でも検討が行われているそうですが、漏れ聞くところによれば、一定値以上の規模が推定された場合には、想定される津波の高さを言わずに、避難を呼びかけることが検討されているそうです。しかし、三月の時のような巨大な津波に襲われるのは数十年または数百年に一度あるかないかであり、さしたる危険がないのに繰り返し避難させられるうちに、逆に、住民の避難行動への意識が低下してしまうことが心配です。やはり、学校教育や社会教育をとおして、地震・津波の正しい知識を広く普及し、個々人が状況に応じた判断をできるようにする、といった対策が非常に重要でしょう。

特に、今回の津波では、岩手県釜石市において、数年間続けてきた津波防災教育が効果を発揮し、児童・生徒のほとんどが適切な避難で無事に生き残ることができました[注1)]。このような事例は、自然災害そのものを避けることはできませんが、被害を減らすための対応が可能であることを端的に示しており、私たちは、そこから多くを学んでいく必要があるのではないでしょうか。

日本列島は、狭い国土なのに世界中の地震の約1割が起きるという土地柄で、富士山に代表されるように火山も多いのです。これは、プレート収束境界[注2)]という土地の成り立ちを考えれば当然のことで、そこに暮らす私たち日本人は、地震・津波や火山噴火といった自然の営みと上手に付き合って、生活していくほかに選択肢はないのです。

日本人は、時にやさしく、時に厳しい自然と適切に共生する術を見出していくべきであり、そのような生き方は、いずれ世界に誇れる日本の文化の一部となっていくのではないでしょうか。

1）生き残ることができた：『みんなを守るいのちの授業—大つなみと釜石の子どもたち』（片田敏孝他，NHK出版 2012）
2）プレートの収束境界：地球の表面積は一定だから，中央海嶺で次々に生産されるプレートはどこかで消費されていなければ収支勘定が合わない．その消費場所がプレートの収束境界である．

第5章

東日本大震災における「想定外」問題について

鈴木　康弘

一　地震発生予測の問題

東日本大震災は、地震予測や防災・減災対策のみならず、日本社会のあり方そのものを見直さなくてはならないという問題を提起しました。地震発生予測や防災・減災に関連する研究者にも、責任が重くのしかかっています。

本章においては、「想定外」と評されることの多い今回の大震災について、地震発生予測の問題点と福島第一原発の津波評価に関する問題を述べるとともに、低頻度巨大災害の想定と防災のあり方に関してパラダイム変換（用）が必要であることを主張したいと思います。

①　予測がはずれた理由

政府の地震調査研究推進本部（以下、地震本部）（用）が全国の地震発生予測を開始したきっかけは、一九九五年の阪神・淡路大震災でした。六甲断層を始めとする活断層（用）が集中する京阪神地方で大地震が発生する危険性について、研究者の間では常識であったにもかかわらず、一般市民は地震の危険性をまったく認識していませんでした。このような状況を改善するため、地震本部は、日本各地の地震発生ポテンシャルを整理して、今後の近い将来における地震発生予測を行ってきました。

その成果の一環として、宮城県沖では今後30年以内にM7・5〜8・0の地震が起こる確率が99%であるとされ、地震防災の充実の必要性が指摘されてきました。今回、地震動による建物被害が多くなかった理由として、このような情報が周知され、地震防災意識が高まっていったことを指摘する声もあります。

しかし、今回の地震は決して予測どおりというわけではありませんでした。地震の規模は予測をはるかに超え、M9にも達しました。震源域は宮城県沖だけに収まらず、福島県沖から茨城県沖まで広がりました。福島県沖では、地震発生確率が7%以下と推定されていましたし、茨城県沖では確率こそ90%とされていましたが、M6・8程度しか起きないとされていましたから、予測は大きくはずれました。

予測がはずれた理由は大きく二つあります。一つは、一九六〇年にM9に近い地震が起きた南米チリの沖合に比べて、日本海溝付近はプレートの沈み込み[用]方が異なるために、M9ほどの地震は起きないという考え（「比較沈み込み帯学」）[用]があったためとされます[引]。

すなわち、チリ沖では、沈み込む海洋プレートが比較的若いために、陸のプレートと強く固着していますが、日本海溝では海洋プレートが比較的古いために固着の程度が低い。

島崎邦彦「超巨大地震，貞観の地震と長期評価」『科学』81(5),397-402 (2011).

固着が強いチリ沖では、沈み込んだ分だけ地震の際に跳ね上がるため、地震時のずれ量が大きく、M9の地震を起こし得ますが、固着がやや弱い日本海溝では、沈み込んだ分だけすべて陸のプレートを歪ませるわけではないため、地震時の跳ね上がりは少なくなり、地震の規模はM9ほどには大きくならないという解釈です。

もう一つの理由は、過去の地震の教訓が十分に活かされていなかったことにあります。八六九年に発生した貞観《じょうがん》地震の際、津波が内陸まで入り、多賀城で溺死者が1000人以上出たことは、以前から古文書によりわかっていました。平安時代の地震被害は百人一首の「末の松山、波越さじ」（大地震で辺り一帯が津波に被われたが、多賀城の段丘上の末の松山だけは津波が越えなかった）という一節にも残っています。また、仙台平野では、数キロ内陸まで津波堆積物が見出されることから、津波の高さは「3m＋数m」と推定され、このことは一九九〇年の地震学会誌に発表されていました[引1]。

今回の地震は、貞観地震の再来であった可能性が高いのですが、1000年以上前の歴史記録や地質学的調査結果は、地震予測に用いられていませんでした。

その後、二〇〇二〜二〇〇九年には地震本部の重点調査として、津波堆積物調査が組織的に行われ、三陸海岸から福島県沖に至る広域に津波堆積物[用]が見出されることも判明し

1）阿部 壽，菅野喜貞，千釜 章「仙台平野における貞観11年(869年)三陸津波の痕跡高の推定」『地震 第2輯』43, 513-525 (1990).
2）宍倉正展，澤井祐紀，岡村行信ほか「石巻平野における津波堆積物の分布と年代」『活断層・古地震研究報告』7, 31-46 (2007).

ました[引2]。このことから、地震規模は少なくともM8・0～8・5にはなるとされていました。

地震本部は、東北地方においては地震が頻繁に繰り返されるため、一七世紀以降の記録を重視して、将来の地震発生を予測してきました。次の地震は、最近数百年間の地震と同様なものが繰り返されると、とりあえず考えていたためでもあり、貞観地震のような歴史時代の記録を重視するタイミングが遅れてしまいました。同本部の地震調査委員会は、貞観地震も考慮に入れた地震予測情報を二〇一一年四月に発表し、巨大地震に対する警告を促そうとしていた矢先でもあったと言われています。

歴史記録によれば、貞観地震だけでなく、一六一一年にもM8・1の地震が起こり、伊達藩で1783人が死亡し、阿武隈川沿いで7km内陸まで津波が入り、津波の高さは6～8mであったとも推定されています[引]。（慶長三陸地震・津波）[注]このように先人が後世に残した貴重な資料が生かされなかったという意味でも、歴史記録を重視しなかったことは適切でなかったといわざるを得ません。

②　今後の予測のあり方

今回の地震発生予測の失敗を反省して、今後は歴史記録の重視と、最大規模地震の評価

羽鳥徳太郎「三陸沖歴史津波の規模と推定波源域」『地震研究所彙報』50, 397-414 (1975).

慶長三陸地震・津波：1611(慶長16)年、三陸沖東経143.8°北緯38.2°を震源として発生した地震(マグニチュード8.1)と津波で，被害は宮城・岩手・青森に及んだ.

が求められることは当然と言えましょう。しかし前者（歴史記録の重視）は、観測データを重視する地球物理学的研究よりも、史料地震学的あるいは地形地質学的研究の充実が必要であることを意味しますから、学問の専門分野間の壁もあり、国として地震研究全体の舵を大きく切れるかどうかわかりません。研究者の数も、史料地震学や地形地質学の分野は非常に少ないのが現状です。

また、後者（最大規模地震の評価）は、これまで築いてきた地震発生モデルの変更を意味し、具体的にどこまで疑うことが妥当なのか判断することは容易ではありません。例えば、二〇〇四年スマトラ島沖地震は、「比較沈み込み帯学」からは巨大地震が起こらない場所に起こったものであり、そこで巨大地震が起こった以上、モデルを変更する必要がありましたが、本格的な見直しは行われませんでした。南海トラフでは、一七〇七年の宝永地震が過去最大とされていますが、今後はそれより大きな地震を想定する必要があるのか、従来は想定してこなかった琉球トラフにおいても、巨大地震の発生の可能性を考えるべきなのか、などの大きな課題があります。

また、最大規模地震を重視することには、防災上の問題も起こりえます。数十年〜100年間隔で繰り返す地震像ではなく、1000年ごとに繰り返す地震像を強調することは、多くの場合に過大な予測となり、場合によっては、1000年間にわたって過大な予測を言い続け、狼少年の誹りを受ける覚悟もしなくてはなりません。

阪神淡路大震災が提起した「低頻度巨大災害にいかに備えるか」という問題が、今回もまた提起されました。今回の地震発生予測の失敗をどのように改善するべきかについては、今のところ議論が十分に行われていないのではないでしょうか。

二 津波遡上の複雑さ

① 空中写真による津波遡上の広域調査

筆者らは、日本地理学会災害対応本部の活動として、震災直後に撮影された航空写真を判読し、東北地方太平洋岸の全域における津波遡上高[用)]を調査しました[引)]。日頃から地形学者は、空中写真のステレオペアを立体視して、地表の状況を詳細に把握する訓練をしています。航空写真を画素粒子が見えるほどに拡大して、詳細に観察することは、津波調査においても有効でした。都市域で空地が少ないと地面の津波の痕跡が見えにくく、水田地帯に(浮遊物をともなわない)清水しか遡上しなかった場合には、津波遡上範囲を特定し

日本地理学会津波被災マップ作成チーム「2011年3月11日東北地方太平洋沖地震に伴う津波被災マップ」http://danso. env. nagoya-u. ac. jp/20110311/ (2011).

にくいことは事実ですが、それ以外の場合は、数ヵ月後に明らかにされた現地調査結果とほぼ同様の結果でした。

空中写真判読による津波調査結果の速報は、三月二九日に青森県階上町から福島県南相馬市までの間について、「津波被災マップ」(縮尺2万5千分の1、63図幅)としてインターネット公開されました引)。

その後、この地図は数値情報化され、四月八日以降、国土地理院「電子国土Webシステム」ならびに防災科学技術研究所H)「eコミマップ」上に公開され、シームレスに観察できるようになりました。eコミマップにおいては、利用者が他の災害情報と重ね合わせて、救援復旧活動を検討することも可能になりました。

判読に用いた航空写真は、主に国土地理院が地震直後(三月一二〜一九日)に撮影した約2200枚の航空写真でした。その後も別途、写真を入手して判読を続け、津波被災マップの範囲を南北に拡張し、二〇一一年八月の時点で、青森県中南部から千葉県北部までの情報を提供するに至っています。

被災マップ作成の目的は、①被災範囲をできるだけ迅速に把握し、救援活動や復興計画の策定に資するデータを提供すること、②津波遡上の概要を連続的に明らかにして現地調

http://www.ajg.or.jp/disaster/201103_Tohoku-eq.html).

査のベースマップを提供すること、ならびに、③被害分布の地域性を明らかにして、原因解明に資するデータを提供することでした。

空中写真からは、①家屋流出等の甚大な被災地域と、②比較的被害が軽微な津波浸水範囲とが区別して判読されます。また浸水限界のライン上の標高を、標高数値データでたど

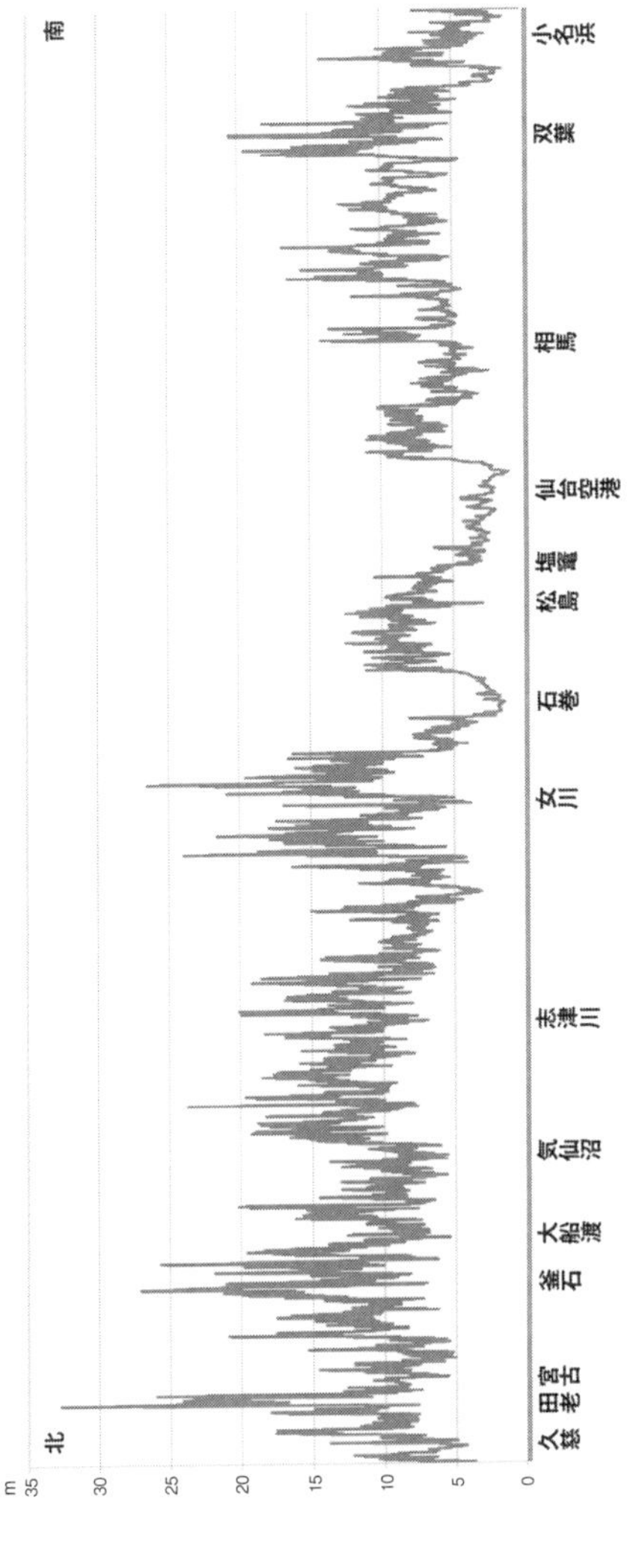

図5-1　津波遡上高の分布図

青森県南部から福島県南部の遡上高．写真の範囲の制約のためにピーク値はやや低い場合がある．

ることにより、津波遡上高を連続的に把握することが可能になりました（図5-1）。

津波遡上高分布図からは以下のことが読み取れます。

（1）比較的長波長の変動をみると、津波遡上高の分布は仙台平野や石巻平野で低く、三陸海岸で高く、最大10倍程度の差がある。

（2）数キロ程度の小波長変動も激しく、地形の条件により遡上高は数倍になり得る。

（3）外洋に直接面する東西方向の比較的小規模な谷で特に遡上高が高い。

（4）松島湾などの内湾は津波遡上高が低い。

（5）仙台平野などでは全体として津波遡上高は低いが、遡上距離は数キロに及ぶ。

② 福島第一原発の津波高さに関する疑問

福島第一原発周辺においては航空機による写真撮影が困難なため、筆者らはGoogle Earthにより公開されている地震直後の衛星画像を用いて調査しました[引1]。津波研究者による現地調査が広域的に行われました[引2]が、原発周辺では現地調査が困難なため、地震から少なくとも半年後の時点において、研究者による調査結果としては唯一のデータでした。衛星画像を観察すると、原発敷地内においても、津波にともなって海域から運ばれた砂

1）鈴木康弘，渡辺満久，中田 高「福島第一原発を襲った津波の高さについての疑問」『科学』81（9），842-845（2011）.
2）東北地方太平洋沖地震津波合同調査グループ「東北地方太平洋沖地震津波情報」http://www.coastal.jp/ttjt/（2011）.

泥や瓦礫の分布から津波遡上範囲が確認できます。原子炉建屋の西方には西上がりの緩傾斜の坂道があり、遡上限界の標高がわかります。大縮尺地形図によれば、敷地中央（1号機）付近では標高10mでした。何キロも津波が遡上する低平な平野部でない限り、一般に遡上高は津波の高さとほぼ同じか高いため、福島第一原発における津波の高さは敷地中央では約10m以下であったと考えられます。

東京電力は、四月九日に「主要建屋設置エリアの海側面において、浸水高約14～15m（浸水深約4～5m）の浸水がほぼ全域で生じている」としました[引1)]。また、津波波源モデルを用いた津波シミュレーションの結果から、津波の高さを敷地中央付近で13mとしています[引2)]。筆者らの検討結果と比較すると、13mというのは過大評価の可能性があります[引3)]。そもそも、津波襲来時には地盤は0・5～0・65m沈降しているため、遡上高は沈降後の標高で議論しなくてはならないという問題もあり、その場合、津波の高さはさらに低くなります。

敷地内への遡上は複雑であり、建物間の狭い空間への局所的な流入など、複雑な現象も起こります。東電が公開している津波襲来時の写真[引4)]では、確かに水位が標高14～15mまで高まったように見えますが、写真の撮影地点は4号機の南の建物間の狭い空間であり、

1）東京電力「当社福島第一原子力発電所，福島第二原子力発電所における津波の調査結果について」http://www.tepco.co.jp/cc/press/11040904-j.html(2011).
2）東京電力「当社福島第一原子力発電所，福島第二原子力発電所における津波の調査結果に係る報告書の経済産業省原子力安全・保安院への提出について」http://www.tepco.co.jp/cc/press/11070802-j.html(2011).
※　引3），引4）は p106 の脚注に掲載

しかも防波堤で守られた範囲の外という特殊性があることには注意が必要です。シミュレーションによる検討の場合には、局所的効果のない場所の観測結果を重視して、シミュレーションと整合させることが必要です。

この地域ではビデオ映像でも紹介されているように激しい飛沫（splash）が起きており、そのような場合に、津波遡上痕から津波の高さを議論する際は、真に海水面の高さとしてよいかどうかについて、特に慎重な見極めが必要になります。建物の海側ではなく、背後（陸側）で浸水状況を確認しないと津波の高さを見誤ることになります。

福島第一原発における津波の高さの事前想定は5・7mであったため、実際の津波は想定を超えたことは間違いありません。しかし、津波の高さを過大評価すると事故の原因究明に影響が生じかねません。教訓として残すべきことは、海岸線におけるいわゆる津波の高さは10mであっても、局所的には津波は14m程度まで遡上して深刻な事故を引き起こしたという事実であり、今後は、建物配置も考慮して遡上高をこれまで以上に精度よく予測する必要があります。また対策上は、津波の高さに対して十分な余裕を考慮しなくてはなりません。津波の高さを強調することなく、津波の影響が甚大になった構造上の問題点と責任の所在が冷静に議論されることが求められています。

3）鈴木康弘, 渡辺満久, 中田 高「福島第一原発を襲った津波の高さについての疑問」『科学』81(9), 842-845 (2011).
4）東京電力「福島第一原子力発電所津波来襲状況（2011年3月11日）」http://www.tepco.co.jp/tepconews/pressroom/110311/ index-j.html (2011)

三 「想定外」という言葉の問題

そもそも政府の地震本部が地震発生予測を誤り、東京電力が10mの津波を想定できなかったとすれば、すべてが「想定外」であり、責任は問えないとする見方もあるでしょう。しかし、東京電力および原子力安全・保安院は、地震の想定も津波の想定も地震本部とはまったく別に行っていました。通常の市民防災を意識した地震本部に比べ、事故を起こしたら致命的な損害を与えかねない原子力発電所の想定は、高くあってしかるべきです。

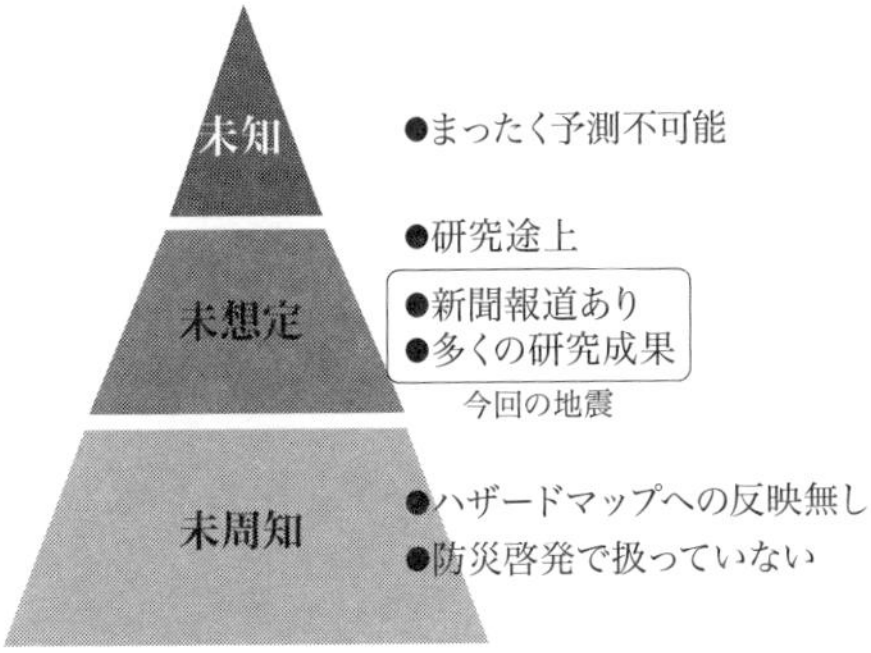

図5-2 「想定外」をめぐる三つの概念

「想定外」という言葉は責任回避を意図して用いられやすく、また、絶望感を表す便利な表現として報道機関も多用します。しかし、そもそも「想定外」という言葉には、人知を超える「未知」、人為的な「未想定」、さらに「未周知」という三つの意味が混同されています(図5‐2)。

「未想定」は、危険性についての見解が未だに研究途上であり異論も残るような場合や、多くの報道もあってほぼ定説化していても、対応が容易ではないために想定が間に合わない場合、もしくは経済的合理性等の観点で対策を行わない場合等に用いられます。「未周知」は、危険性が明らかであることから対応すべきであるのに、一般市民に対する防災啓発や、ハザードマップへの反映が行われていない場合に用います引)。

今回の地震が貞観地震とまったく同じであったかどうかは議論が残るものの、貞観地震の際にも、三陸から福島県南部まで大津波が襲ったことは明らかにされています。また、貞観地震に関する新聞・テレビの報道は30回を超えています（表5-1）。このようなことからすれば、今回の災害は想定外ではなく、「未想定」というべきです。

危険性のレベルに応じた防災水準の適正化も重要です（図5-3）。一般の防災においては、「確実に起こる」とされる災害レベルに十分対応することが必要であり、「起こる可能性が否定できなくてもきわめてまれにしか起こらな

表5-1　貞観津波に関する報道

［古文書研究の成果］
1994/10/17 河北新報、1995/10/04 河北新報、1996/1/12 毎日新聞、2000/9/15 河北新報、2000/9/17 読売新聞、2005/1/26 中日新聞、2005/6/23 毎日新聞

［津波堆積物調査の結果］
2006/7/1 共同通信、2006/7/2 岩手日報、2006/7/2 産経新聞、2006/10/7 河北新報、2006/10/21 河北新報、2007/9/4 河北新報、2007/10/8 河北新報、2007/10/11 読売新聞、2007/10/26 河北新報、2009/2/21 朝日新聞、2009/7/27 産経新聞、2009/12/3 河北新報、2010/3/1 産経新聞、2010/5/24 毎日新聞、2010/6/2 読売新聞、2010/6/4 毎日新聞、2010/6/11 河北新報、2010/11/7 朝日新聞、2011/2/3NHKテレビ、

引）鈴木康弘「東日本大震災の『想定外』問題について」『地理』56（6），78-82（2011）.

い」という災害レベルに正面から備えることは難しいでしょう。しかし、原子力発電所等の重要構造物においては、「可能性の否定できないレベル」まで考慮することが当然求められます。

二〇〇六年に改訂された原発耐震指針においては、「施設の供用期間中に極めてまれではあるが発生する可能性があると想定することが適切な津波によっても、施設の安全機能が重大な影響を受けるおそれがないこと」と規定されています。

この改訂を受けて実施された、原子力・安全保安院と原子力安全委員会による福島第一原発の再点検（いわゆるバックチェック）注）において、上記の指針の文言が厳密に適用されていない点に問題があります。最近の地震発生時に地震動が想定レベルを超えてしまった例や、活断層の存在が見逃されていた例が多く見つかり、バックチェックの焦点が地震動対策に絞られ、津波対策が後回しにされていました。

今後はこうした問題が再発しないよう、十分な安全性の確保が図られるはずですが、想定すべき事象のレベルについて、今一度ルールを明確に確認すべきです。もし仮に、貞観

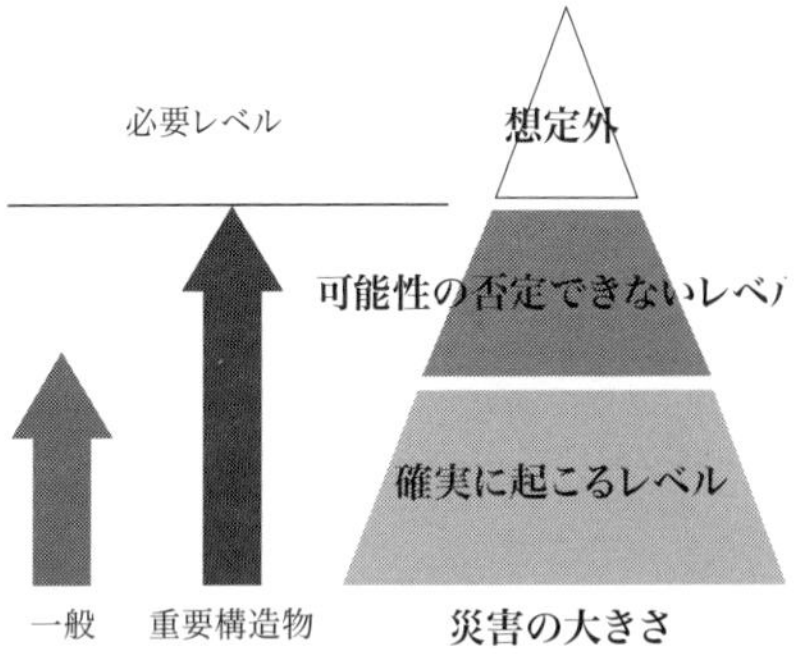

図5-3　災害の大きさと求められる防災水準

バックチェック：新たな安全基準が作成された場合に，それ以前に作られた設備や構造物などについて，新基準に照らし合わせて調査しなおすこと．

地震が「きわめてまれではあるが発生する可能性がある」ものと認定されたとしても、「想定することが（対策の費用対効果等の理由で）適切ではない」と判断される可能性も残されています。耐用年数とその間における重大事象の発生確率との関係から「工学的に」判断されるためです。

今回の事故を「想定外」と言ってしまうようでは、この設計思想が正しく運用されているとは言えません。原発事故の重大さを見据え、「可能性を否定できない地震・津波には備える」という、二〇〇六年に改訂された原発安全審査指針の精神が、今後は厳格に守られる必要があります。

四　「想定外」を繰り返さないために

防災・減災を実現させるためには、最も深刻な被害をも想定内にすることが重要です。しかしながら、それは今日の社会情勢から、研究者においても実務者においても、パラダイム変換[用]が必要であるほどに容易なことではありません。

筆者自身、地震発生予測に携わることの責任の重さをこれほどまでに痛感することは未だかつてありませんでした。筆者の専門とする活断層研究や古地震研究は、「過去の出来事を明らかにすることで将来予測に有効である」として、自らの研究の重要性を主張してきましたが、人の命の重さを背負う覚悟で取り組んできたとまではいえません。

特に理学系の研究者は、都合のよいときだけ防災への貢献を口にして、ともすれば、真面目に防災を意識することは純粋な研究の妨げになるといって避ける傾向さえありました。

地震予測や予知に本腰を入れる地震研究者は少なく、防災や減災に本気で取り組む地震研究者はさらに少ないかもしれません。東日本大震災に衝撃を受けた研究者は多いのですが、従来路線の研究が足らなかったことに問題があったとして、さらなる充実を主張するばかりではいけないはずです。

防災・減災への貢献として、今後重要なことは、①予測の精度を高める目的達成型の研究を行うこと、②予測に関わる研究者は「予測の限界や予測の幅」に十分言及すること、③対策を検討・実行する者は「幅」を積極的に尋ね、対応を考えることだと思います。[引)]

予測研究を担うべき理学研究者は、わかったことだけを声高にアピールする癖があります。対策を検討する工学研究者は、災害の大きさに関する予測結果が検討の出発点であるため、曖昧さを好まない傾向があります。また、防災啓発をする行政等は、情報をシンプルにして対策をマニュアル化することが大事であると主張します。それぞれがこのような従来型のスタンスでは、「予測の不確実性」に関する情報が抜け落ちやすく多くの想定外

鈴木康弘「東日本大震災の『想定外』問題について」『地理』56 (6), 78-82 (2011).

を生んでしまいます。

今回の大震災が提起した問題は、そもそも一つに絞りきれない地震予測結果を、いかに適切に市民に伝え、臨機応変な対応を促すかです。一つの評価結果だけではなく、曖昧さも含めて意志決定していく際には、ハザード評価[注)]・対策決定・住民周知という一連の流れの中に「縦割り構造」があってはいけません。

原発耐震においても同様です。これまでは、「震源となり得る活断層の存否は、調査をすれば必ずシロクロつく」ことを前提としてきました。実際には、伏在断層[用)]等のように調査が難しい場合も多く、この前提は成り立たないことは明らかです。この前提こそが、原発耐震安全性の余裕を奪う原因になったり、活断層の過小評価を招いたりするなど、根本的な問題につながっています[引)]。

耐震技術の進歩が、合理化を口実に、余裕を奪う方向に導いてはならないはずです。今回の大震災から学ぶべきことは、「自然の営みを人間は理解しきれない」という謙虚さを持ち、科学や技術に奢らず、防災・減災対策には常に余裕を持たせなくてはならないということでしょう。最近の日本社会全体がこうした危うい状況にあることに気づきつつも、多くの人が経済効率を優先させ、今回のような深刻な災害発生を「未想定」なままにしてきたのではないでしょうか。根本的な反省を迫られています。

地震ハザード評価：ある地点に対して影響を及ぼすすべての地震を考慮して，その地点が大きな地震動に見舞われる危険度を評価すること.
鈴木康弘，中田 高，渡辺満久「原発耐震安全審査における活断層評価の根本的問題」『科学』78 (1)，97-102 (2008).

第6章

連動型超巨大地震による津波

――一七〇七年宝永地震、二〇〇四年スマトラ島地震、および二〇一一年東日本大震災の津波

都司　嘉宣

一　二〇一一年東日本太平洋沖地震の津波

二〇一一年三月一一日の午後二時四六分、わが国の東北地方から関東地方にかけての太平洋海域で、マグニチュードM9・0という、わが国史上最大の超巨大地震が発生しました。この地震の名称は公式には「東北地方太平洋沖地震」とされていますが、報道などでは一般に「東北沖地震」と記されていますので、本章でもこれに従うことにします。

この地震にともなう津波は、千葉県以北、青森県にかけての海岸を襲い、岩手県宮古市、大槌町、大船渡市、陸前高田市、宮城県南三陸町、女川町などの三陸沿岸の市街地は、ほぼ完全に流失しました。死者行方不明者は約1万9千人にのぼり、明治二九（一八九六）年に起きた明治三陸地震津波注）の死者数2万2千人に迫る数字となりました。

図6-1は、沿岸にある各検潮所用）での津波初期波動の到達時間（分）を示しています。三陸海岸では、数字がゼロかそれに近いことからわかるように、本震発生の直後から津波の初動が到達しています。つまり、津波の波源域用）の西縁は、三陸海岸の海岸線にほとんど接していたことを示しています。

この地震は、日本列島北東部を載せる北米プレートと、その下に沈み込もうとする太平

明治三陸地震津波：1896（明治29）年6月15日，午後8時ごろ三陸沖で発生した明治三陸地震にともなう津波で，死者・行方不明者2万2000人，日本の津波被害では過去最大の被害が出たといわれてきた．

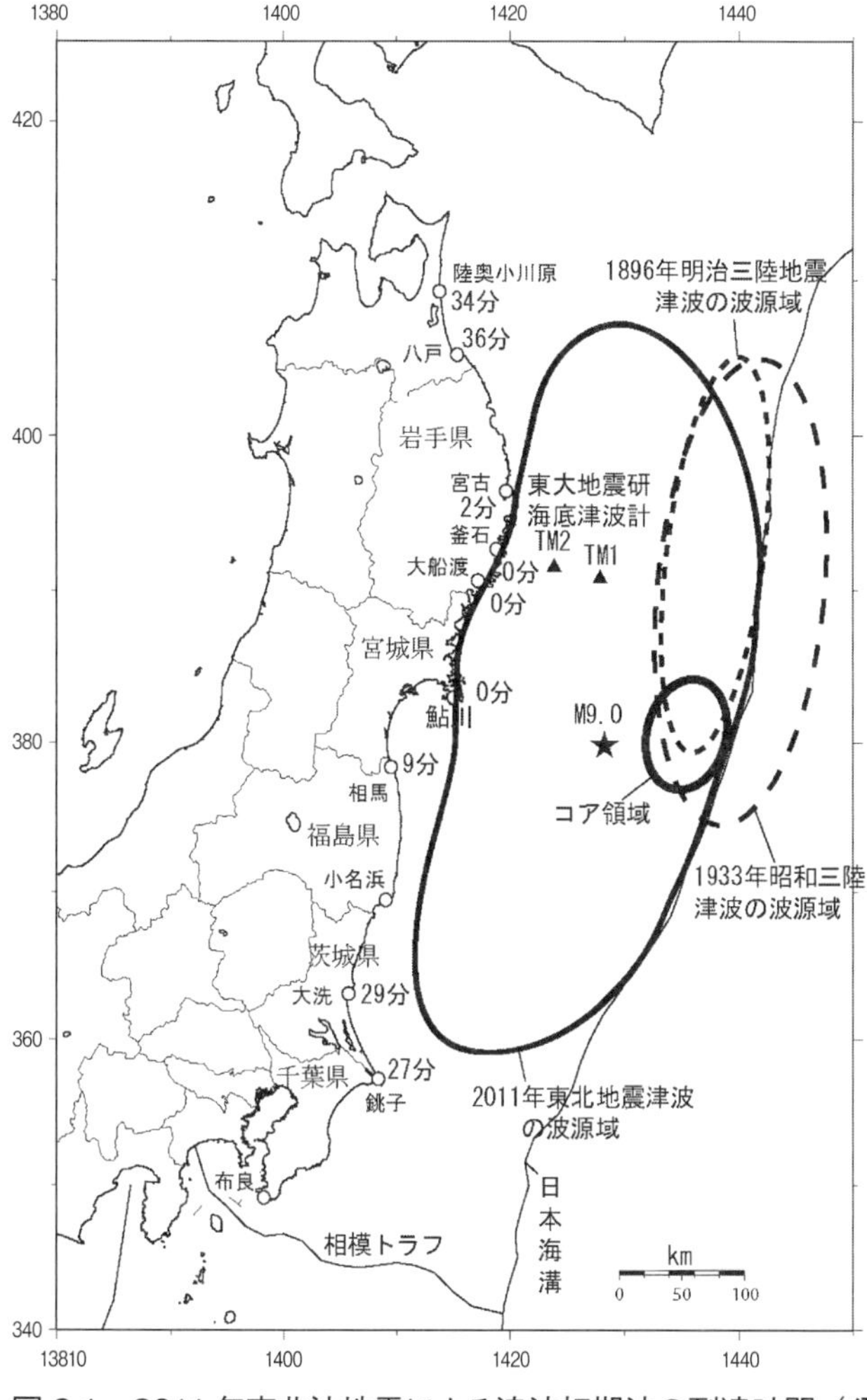

図 6-1　2011 年東北沖地震による津波初期波の到達時間（分）

実線は震源域の範囲.「コア領域」と記した小さなだ円形太線域は海底隆起が大きかった部分

洋プレートの境界面の滑りによって生じた海溝型地震用）です。したがって、津波波源域の東の限界は日本海溝であることは自明です。こうして、この地震の津波波源域の東西幅は約２００kmであることがわかりました。

本震発生後、茨城県大洗港で29分、千葉県銚子港で27分で津波初動が到達していることから、波源域注）の南の限界線は、茨城県南部の沖合にまで達していたことが判明しました。また、北海道の観測記録や、アメリカ海洋大気局（ＮＯＡＡ）H）が沖合に設置した津波観測ブイのデータなども参照して、この地震の津波の波源域は、南は茨城県南部、北は青森県八戸港の沖合に至る南北約５００kmにおよぶという、超巨大なものであることが判明しました。

図６-１には、明治三陸地震（太波線、一八九六年）と昭和三陸津波注）（粗大破線、一九三三年）の波源域も記入してありますが、これらと比較しても、今回の地震の波源域がいかに大きかったかを納得することができるでしょう。

二　海底隆起量が20ｍにも達した狭い海域

今回の津波では、三陸海岸での津波初動は、地震発生の直後に観測されました（図６-１）。

波源域：津波の発生に関与した領域のこと．波源域は，震源断層の形状を反映しており，多くの場合楕円形で近似される．
昭和三陸地震津波：1933(昭和8)年3月3日午前2時半ごろ三陸沖で発生した昭和三陸地震による津波で最高28mの津波に襲われて死者・行方不明者は3000人を超えた。

このことは、津波波源域が海岸線のごく近くにまで迫っていたことを示しています。しかしながら、例えば、釜石市で撮影された津波のビデオ映像をみると、「海水が壁のようになって」防潮堤をはるかに越して襲ってきたのは、地震発生後約30分が過ぎて後のことでした。

宮古でも、検潮所用）では津波初動は、地震のわずか2分後に観測されましたが、海岸防潮堤を越えて一気に市街地内に海水が侵入したのはやはり、本震発生後約30分ほど経過した後のことでした。この食い違いは、いったい何を意味するのでしょうか。じつは今回の地震では、図6-1に太実線で示したような「コア領域」用）があって、この内部では海底は約15ｍも隆起していたと推定されているのです。

こう推定される理由を説明しましょう。国土地理院引）の陸上ＧＰＳ定点と海底に設置されたＧＰＳ定点とによる、地殻の水平移動量の観測によると、ほぼこの領域内で、海底面は東南東方向に約54ｍ移動したとされます。この地殻の水平移動が、勾配約20度で西下がりに傾いたプレート境界面に起きると、必然的にこの範囲内で海底は約15ｍ隆起したことになるのです。

このコア領域のサイズは東西約70㎞、南北約１００㎞の範囲にすぎませんが、このコア

国土地理院：平成23年（2011）東北地方太平洋沖地震の地震時の滑りモデル，2011, http://www.gsi.go.jp/cais/chikakuhendo40007.html

領域から発せられた津波は巨大でした。三陸沿岸で、地震発生後30分から50分後に見られた「壁のような大津波」というのは、このコア領域から発した津波成分によるものです。

三　三陸海岸での津波の高さの分布

①　津波の全国的調査体制の構築

今回の津波が発生した直後から、私たちの地震研究所を始めとして、全国の海岸工学や地質学、あるいは災害科学の分野の研究者たちは、テレビ映像を通じて報道される、あまりにも悲惨な津波被災地の光景を見ながら、一刻も早く被災現地に入り、津波による海水の浸水高さの測定、堤防や港湾施設、市街地、樹木等の被災の様子、被災された方々のインタビューなどの調査を開始することを熱望していました。

しかし、この地震の発生した三月一一日直後の被災地は、食料や水にも事欠いて必死に命をつなぐ被災者への援助やがれきの片づけ、道路や電気・水道などのライフラインやガソリンの輸送路を確保するための地元自治体や自衛隊員の活動を最優先しなくてはならなかったため、私たち研究者が三陸の最大被災地に入ったのは地震発生後3週間自粛した後でした。

この間に、複数のチームが同一地点を測定するというような無駄な重複を避けるため、関西大学の高橋智幸教授や、京都大学防災研究所の森 信人教授らによって、被災地調査に入るグループに共通のインターネットサイトがすばやく立ち上げられました[H)]。三陸以外の、関東以西の海岸の調査、北海道海岸の調査は、主としてこのころ行われました。

四月にはいると、各大学・研究所の調査団は、いっせいに被災現地の調査を開始しましたが、得られたデータは時々刻々このサイトに報告され、ただちにつぎつぎ公開されはじめました。こうして八月初めまでには、合計140名余りが参加するこのサイトに、合計5000点あまりの津波浸水データが登録・公開されるに至ったのです。

② 津波の浸水高さの分布

私たちの地震研究所では、全部で14度にわたって被災海岸の調査を行いました。その範囲は、関東地方の外房海岸、茨城県海岸、および三陸海岸の石巻以北、青森県の八戸にいたる約300の地点です。

その結果を図6-2に示します。図には比較のために明治三陸津波（一八九六）の高さを黒丸（●）、昭和三陸津波（一九三三）の高さを星印（★）でそれぞれ示してあります。今回の津波（白丸○）が、これら過去2回の津波の規模をはるかに上回っていたことは一目瞭然でしょう。

今回の地震で津波の高さが30mを越えたのは、岩手県宮古市重茂《おもえ》半島の千鶏《ちけい》以北、野

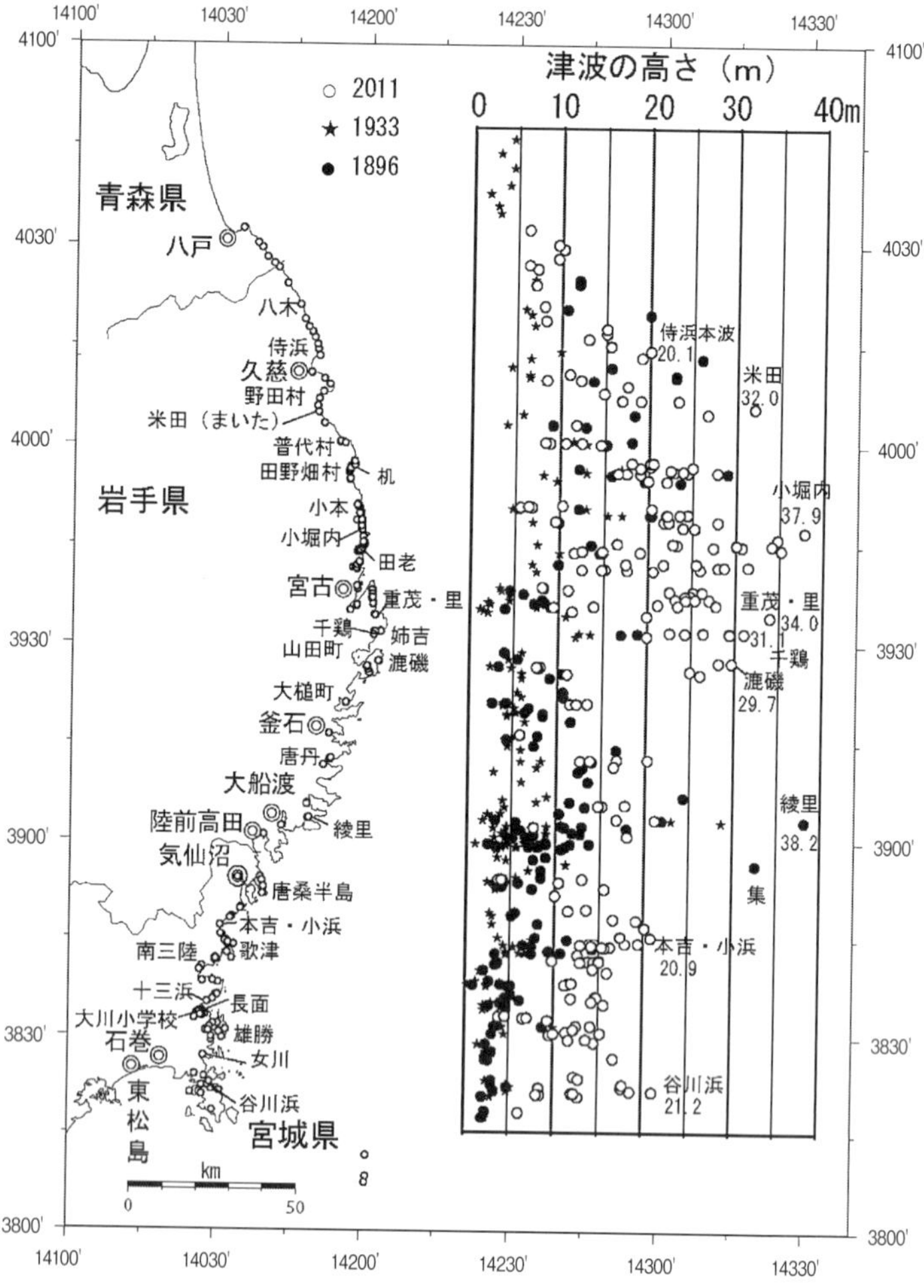

図 6-2　津波の浸水高さの分布

田村米田《まいた》までの約60㎞の海岸線上でした。これに対して明治三陸津波で30ｍを越えたのは、大船渡市綾里（38・２ｍ）と陸前高田市広田地区集《あつまり》の２地点しかなかったのです。また、昭和三陸津波で30ｍを超えた地点はありません。

四　宝永地震——東海・南海連動型超巨大地震

わが国で史上最大の地震として知られている超巨大地震の一つに宝永四（一七〇七）年一〇月四日に起きた、静岡県南方沖から四国の高知県沖にまたがる東西約７００㎞にわたる広大な海域を震源域とする「宝永地震」があります。この地震は、紀伊半島最南端から静岡県御前崎付近までを震源域とする東海沖の巨大地震と、紀伊半島最南端から四国沖までを震源域とする南海沖の巨大地震が同時に起きたものと考えられています。

東海沖の巨大地震と南海沖の巨大地震とは、本来別の系列の地震です。例えば、安政元年（一八五四）一一月四日の午前９時に起きた「安政東海地震（Ｍ８・４）」と、その翌日の五日の午後５時に起きた「安政南海地震（Ｍ８・４）」とは、わずか１日違いとはいえ、別の地震として起きています。

図6-3の地図には、東海沖系列および南海沖系列の巨大地震の震源域のおよその場所と広がりが示してあります。東海沖巨大地震の震源域は東西約300㎞のサイズであり、南海沖巨大地震のそれは、東西約400㎞のサイズです。

南海沖の地震は、東海沖の地震のあと、短い期間の後にペアをなして発生する傾向があります。例えば、一八五四(安政元)年の東海地震の32時間後に、安政南海地震が起きました。また、一九四四(昭和一九)年一二月七日の東南海地震(M7・9)の二年後の一九四六年一二月二一日に昭和南海地震(M8・0)が起きています。

ところが宝永地震(M8・7、一七〇七)は、東海沖地震と南海沖地震が、同時に一つの地震として起きているのです。この宝永地震のように、地震が二つ以上の各プレート境界型巨大地震の固有の領域にまたがって一つの超巨大地震として起きている場合は「連動型超巨大地震」と呼ばれます。

このような連動型超巨大地震の場合、その領域は各単独の巨大地震を合計したものとなりますが、その規模は単に足し算しただけのものとはなりません。各領域での断層面状での滑りの量が、単独で起きた場合のそれらより大きくなるからです。

このため、連動型超巨大地震による津波は、単独の巨大地震が起きた場合より津波の規

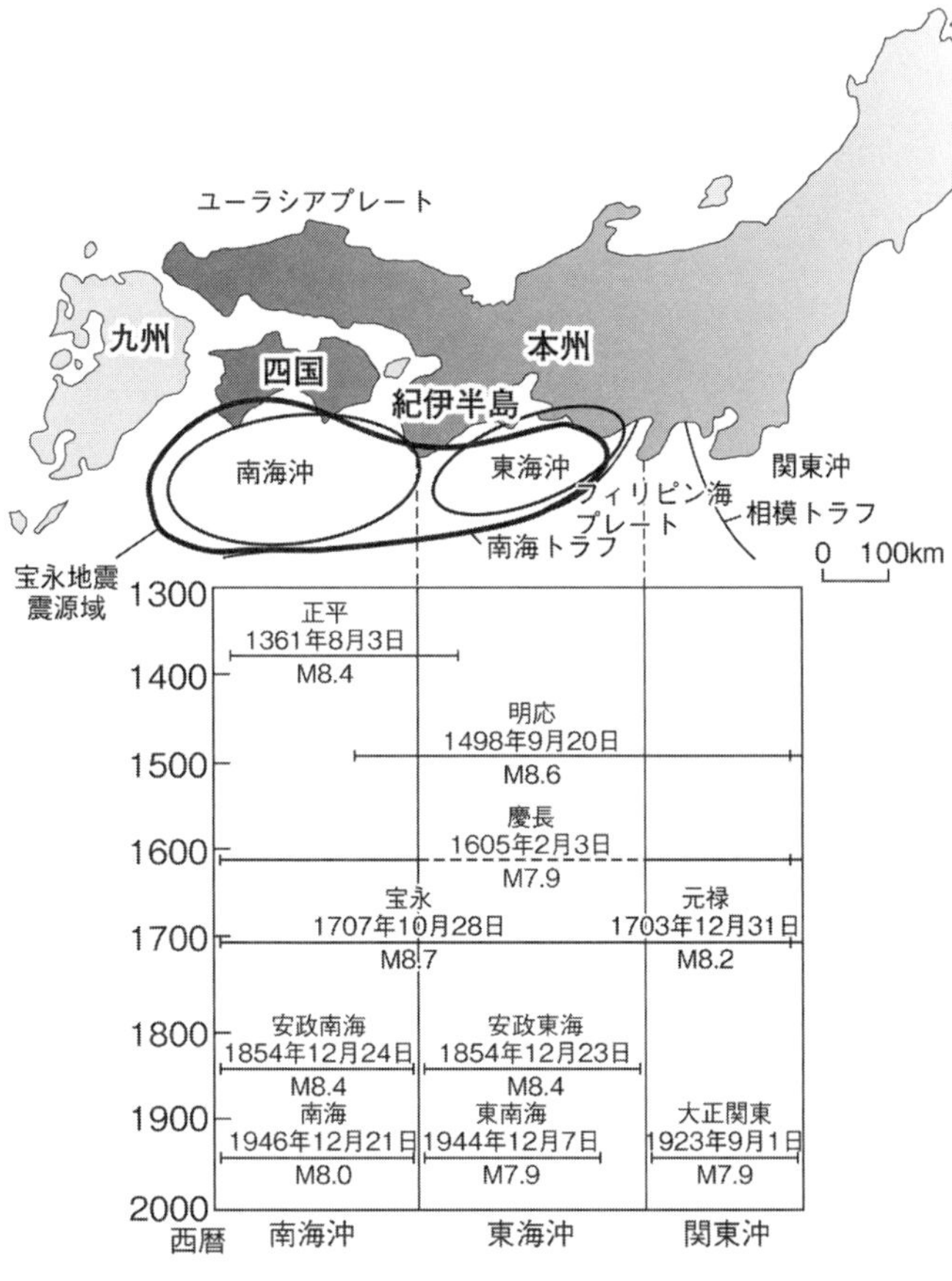
ユーラシアプレート
九州
四国
本州
紀伊半島
南海沖
東海沖
関東沖
フィリピン海プレート
相模トラフ
南海トラフ
0 100km
宝永地震震源域
正平
1361年8月3日
M8.4
明応
1498年9月20日
M8.6
慶長
1605年2月3日
M7.9
宝永
1707年10月28日
M8.7
元禄
1703年12月31日
M8.2
安政南海
1854年12月24日
M8.4
安政東海
1854年12月23日
M8.4
南海
1946年12月21日
M8.0
東南海
1944年12月7日
M7.9
大正関東
1923年9月1日
M7.9
1300
1400
1500
1600
1700
1800
1900
2000
西暦
南海沖
東海沖
関東沖

図 6-3　東海沖・南海沖巨大地震発生年代図表

模が大きくなります。そのようすを安政南海地震（1854）と宝永地震（一七〇七）による高知県での津波の高さ分布の図で、確認しておきましょう（図6-4、図6-5）。

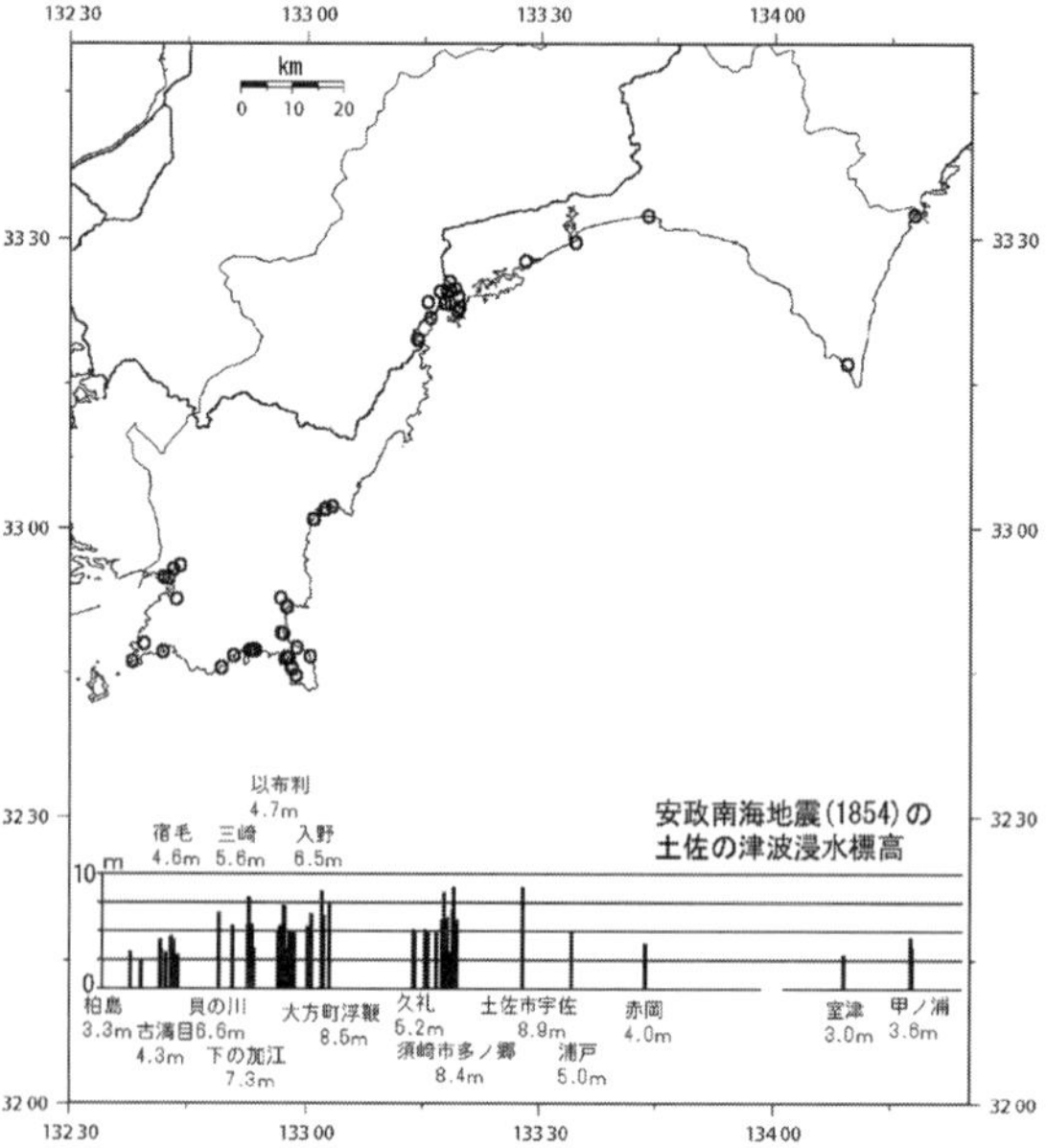

図 6-4　安政南海地震（1854）による高知県の津波の高さ分布

図 6-4 は安政南海地震（1854）の, 図 6-5 は宝永地震（1707）の高知県（土佐国）の沿岸での津波による浸水標高の分布図で, 両図おなじ尺度で描いてある.

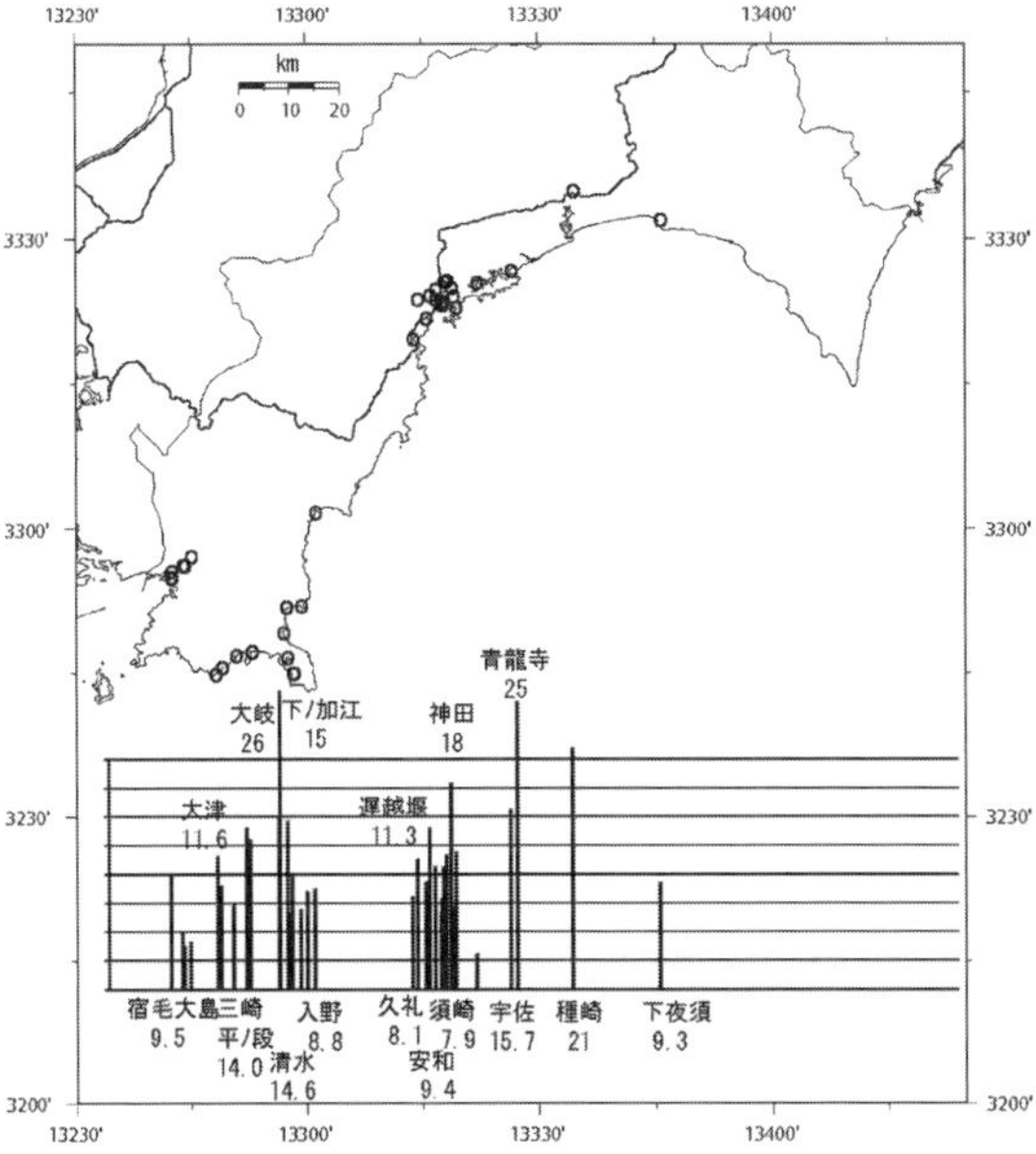

図6-5　宝永地震（1707）による高知県での津波の高さ分布

一見して宝永地震の津波は安政地震の津波の約2倍かそれ以上の高さであったことがわかります.

五　東北沖地震も二〇〇四年スマトラ島地震も連動型超巨大地震

前章では、宝永地震が東海地震と南海地震を合わせた連動型超巨大地震であると述べましたが、じつは今回起きた東北地方太平洋沖地震もまた連動型巨大地震であったと考えられます。すなわち、図6-1をみれば、今回の地震の北半分は明治三陸地震（一八九六）のそれと重なり合っています。

しかしこれに加えて、その南半分は、一九七八年宮城県沖地震（M7・4）、一九三八年に7個の地震が群発して発生した福島県東方沖地震（最大は一一月五日のM7・5の地震）や、一九二三年茨城県沖地震（M7・3）などの各固有の地震域があって、今回の地震はこれらの各固有の震源域にまたがっていると見られるのです。

二〇〇四年一二月二六日に、インドネシアのスマトラ島北部西方の海域で、マグニチュード9・0の超巨大地震が起きました。これによって引き起こされた津波は、インドネシア、タイ、インド、およびアフリカ諸国のインド洋に面した各国の海岸を襲い、世界全体で約27万人ともいわれる津波死者を出しました。

この地震の本震の直後に発生した余震（用）の分布から、この地震の震源は、スマトラ島西方海域から、インド領アンダマン諸島の北端付近までの南北1200kmまでの広大な範囲であったことが判明しました。この地震もまた、いくつかの固有の地震系列の地震の発生域にまたがって起きた連動型巨大地震と考えられます。そうして、この地震による津波では、最大被災地となったスマトラ島最北端のバンダ・アチェ市の西方の海岸で、標高34mの地点まで海水が谷筋を駆け上がったのでした（図6-6）。

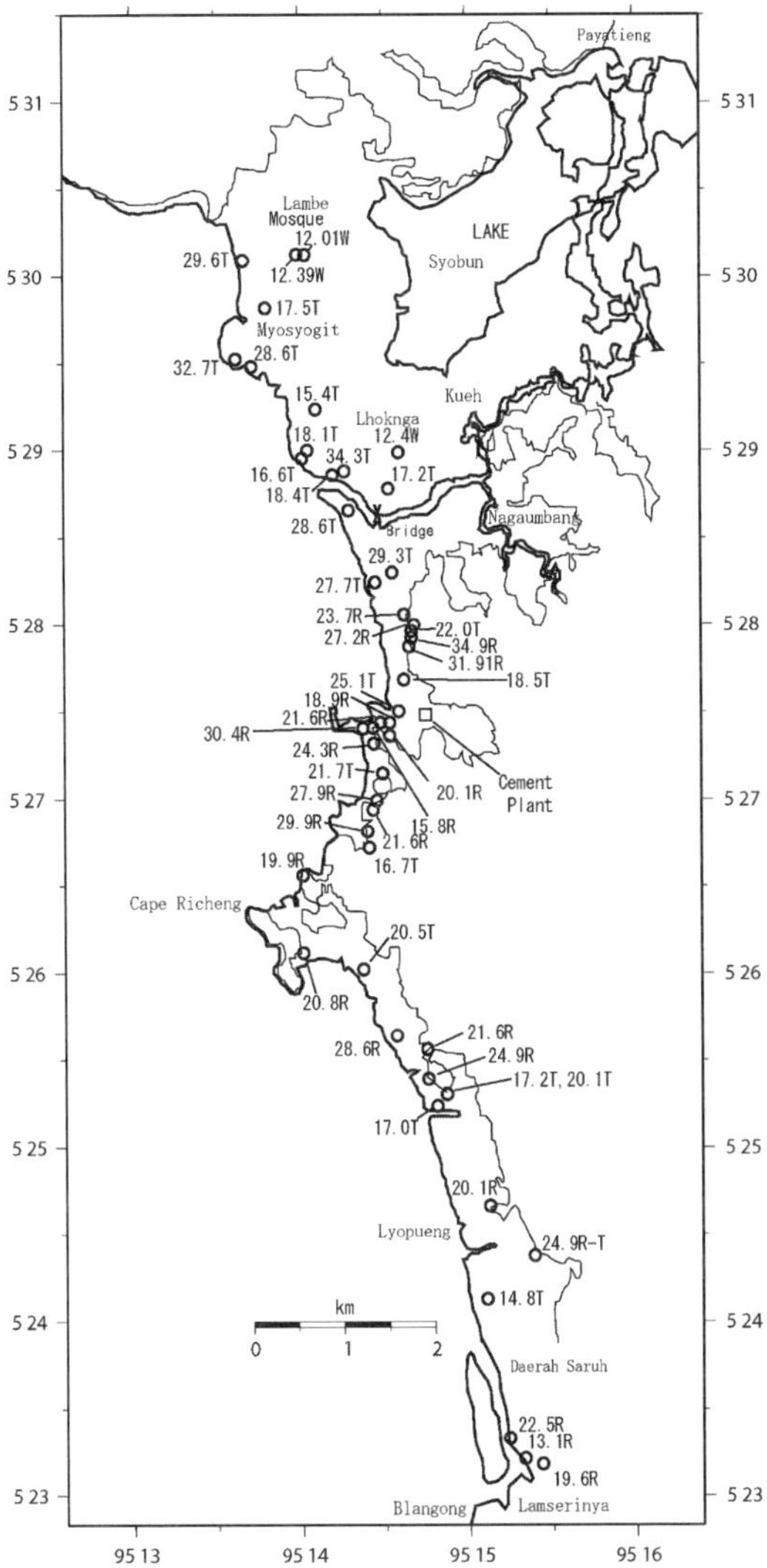

図6-6　二〇〇四年インドネシア・スマトラ島地震による同島北端部西岸での津波の浸水標高 Tsuji Y, et al.
数字は海水の到達標高（m）で、Tを付したのは樹木の浸水痕跡、Rは斜面の駆け上がり標高引)

Tsuji Y, et al., Damage and height distribution of SumatraEarthquake -Tsunami of December 26, 2004, in Banda Aceh city and its environments, 2006, J. Disaster Res., 1, 1, 103-115.

六　海溝型地震が連動型になると20ｍを越える津波高さとなる、しかし逆は成り立たない

東北地方太平洋沖地震（二〇一一）、宝永地震（一七〇七）、スマトラ島地震（二〇〇四）の三つの連動型超巨大地震の例を見てきました。

海溝型地震が「連動型」になると、単独発生型の場合より津波の高さが急に増します。この３例で見ても、いずれも、津波浸水高さの最高値は20ｍから30ｍを超える大きな値を示しているのです。「連動型になれば、津波は非常に大きくなる」という定理がどうやら成立するようです。

しかし、この「定理」の逆の「津波が大きい地震は連動型である」は成り立たないようです。例えば、一八九六年の明治三陸地震の津波は、最高浸水高さが38・２ｍに達しましたが、これは連動型地震ではなかったのです（図６-１）。

また、静岡県海岸で最近１０００年で最大の津波であったと考えられる明応東海地震（一四九八）は、伊豆半島の伊豆市小土肥で18ｍ、八木沢で22ｍでした（都司ら引）が、この地震も、東海沖地震が単独で起きたものであって、南海地震の連動型ではなかったので

都司嘉宣，小網汪世，明応７年（1498）東海地震津波の静岡県における状況，日本地震学会平成23年度秋季大会予稿集.

す。どうやら、単独型の海溝型地震であっても、東日本震災のとき現れた「コア領域」[用)]に相当する、「せまい領域内での大きな海底隆起量」という現象が起きることがあるようです。

七　単独の南海地震が起きるなかに、ときどき連動型超巨大地震になることがある、その頻度は？

図6-3に見られるように、和歌山県および四国南岸、九州東岸に大きな地震津波の被害をもたらす南海沖巨大地震は、おおざっぱに100年前後の間隔で起きていることがわかります。そのうち、ときどき東海沖巨大地震と連動型になることがあり、この場合には宝永地震（一七〇七）のときのように、高さ15mから20mにも及ぶような大津波となって、これらの地方の沿岸集落を壊滅させるような大災害を引き起こします。

では、何度に一度の割合で南海地震は連動型になるのでしょうか。宝永地震（一七〇七）が連動型であったことは、私たちはすでに知っています。歴史上に記録のある南海地震は天武天皇一三（六八四）年以来、昭和南海地震（一九四六）までに9度を数えます。このうち、仁和三（八八七）年の地震は、『三代実録』に「五畿七道（日本全国）」の地震と書かれ、また津波によって大勢の死者が出たが「摂津国もっとも甚だし」と記録されていて、現在の大阪市に大津波が襲ったことがわかります。これも連動型超巨大地震であったと見られます。

広島大学の前杢氏[引]は、室戸岬の海岸段丘の各段の形成年代を解明しました。その結果、一番下の段は約300年前、二番目は一三～一四世紀ごろ、三番目は九世紀ごろ形成され、下から四段目の段丘は2000年以上前に形成されたという結果を得ました。

連動型超巨大地震は、地殻変異量も大きいはずですから段丘を残すとすれば300年前に形成された一番下の段は宝永地震（一七〇七）によるものと考えて間違いないでしょう。三番目は、年代的に仁和五畿七道地震に対応すると見られます。

では2番目は？　どうも正平一六年（一三六一）南海地震[注]によるもののようです。難波浦（大阪）で津波のために大勢の漁師が死んだと伝えられ、津波は四天王寺のすぐ手前の安居神社まで来たと伝えられています。

しかし、この正平地震には東海地方の被災記録がなく、連動型ではないと考えられ、前節の「逆の成り立たない」ケースであると考えられます。つまり、連動型ではないが津波が大きく現れたケースです。

100年に1度の南海地震は2000年間に約20回起きているはずですから、そのうち2

前杢英明，室戸半島の最近数千年間の隆起様式から推定される新たな南海地震像．1999，月刊『地球』号外，vol. 24, pp.76-80
正平南海地震：1361（正平16）年7月26日，マグニチュードM 8.4 - 8.5，宝永地震と並ぶ大規模な地震で，死者多数であった．

回(宝永と仁和)が連動型、1回(正平)が「逆の成り立たない」大津波型、であったということになります。

西日本でも南海地震は2000年に3度、つまり平均すれば約700年に一度の割合で連動型、あるいは単独型の高さ20mにおよぶ津波をともなう超巨大地震となるものと推定されます。

八　百年一度の津波対策と千年一度の津波対策を分けて考えよ

そこで、今回東北沖地震で被災した東北地方、あるいは、二一世紀中には必ず起きるであろうと推定される東海、紀伊半島、四国地方の現実的な津波防災対策を考えてみましょう。東北地方に対しては、昭和三陸津波(一九三三)は「100年に1度の津波」と考えることができます。沿岸市街地に襲ってくる津波の高さはおおむね10mです(図6-2)。

東海地方、紀伊半島、四国、九州東岸地方に対しては、安政東海地震(一八五四)、安政南海地震(一八五四)注)がおよそ100年に1度の大津波であるということになるでしょう。東海地方沿岸の大部分の集落はおよそ6mが津波の限度です。

安政東海地震・安政南海地震：1854(安政元)年11月4日に安政東海地震(M8.4)，11月5日には安政南海地震(M8.4)が発生，伊豆から四国までの広範な地帯に死者数千名，倒壊家屋3万軒以上という被害が生じた.

このような「百年一度の津波」に対しては、三陸地方には標高10m、東海・西日本に対しては高さ7mの防潮堤を居住地域の海岸に構築すれば、市街地への浸水は防ぎきることができるでしょう。現実的な土木工事として、まず実現可能です。

しかし、今次の東北沖地震、あるいは西日本に対しては宝永地震（一七〇七）のような「700年、あるいは1000年（以下ミレニアム津波とよびます）一度の連動型超巨大地震の津波」に対しては、このような防潮堤では、居住地域内への海水の侵入は防ぎきれません。このようなミレニアム津波による大津波に対しては、「家はあきらめるが、命だけは助かるように」と考えざるを得ないでしょう。

そこで、津波避難施設の確保、あるいは建設です。その高さは標高15mかそれ以上でないと、意味をなさないでしょう。

市街地の背後に斜面があって、容易に20m以上の地点に至る歩道が作れるなら、そのような避難歩道と避難用広場を作り、4階建て以上の高層ビルがあるならば、その4階以上、ないならば津波避難タワーを新たに建設して、住民の命の安全を守らなければならないでしょう。

＊津波避難所に必要な条件

①避難場所の標高が15m以上あること、
②そこへ、老人や幼児を抱えた婦人でも容易に登ることができること、
③月のない夜に停電しても照明が確保されていること（ソーラーバッテリー、あるいは蓄電池による無停電装置を備えた照明）。
④避難場所へ逃げ込んだ人が、海や市街地の様子を観察できること、
⑤海や市街地の様子を観察した結果、その避難場所でさえ安全でないと判断されたときには、さらに標高の高い所へ容易に移動できること。
⑥そこに避難してきた人のために、懐中電灯、ラジオ、2～3日分の水、非常食が備えてあること。さらに、救命胴衣も備えておくことが必要でしょう。

以上が、千年一度の津波災害を考慮した津波避難場所の必要条件となるでしょう。

今回の東北沖地震の津波のさいにも、右のような条件を満たしていない場所が津波の避難場所に指定され、そこに逃げ込んだ人びとがそこで津波に襲われて、その場所で死亡したという傷ましい例が非常に多かったのです。

断層の滑り量（くい違い）と地震モーメント

断層運動の規模として、地震モーメント　Mo という量が指定される。
Mo = μ DS

μ：断層運動が起こる周りの岩石（岩盤）のバネ定数（剛性率）
D：平均滑り量（食い違いの平均）
S：断層の面積　　S = L W　　　　長さ：L　　幅：W

ここで滑り量 (下図の Do) とは、断層運動によって震源断層の各点が滑った距離で、食い違いともいう。
D は各点の滑り量（食い違いの長さ）の平均になる。

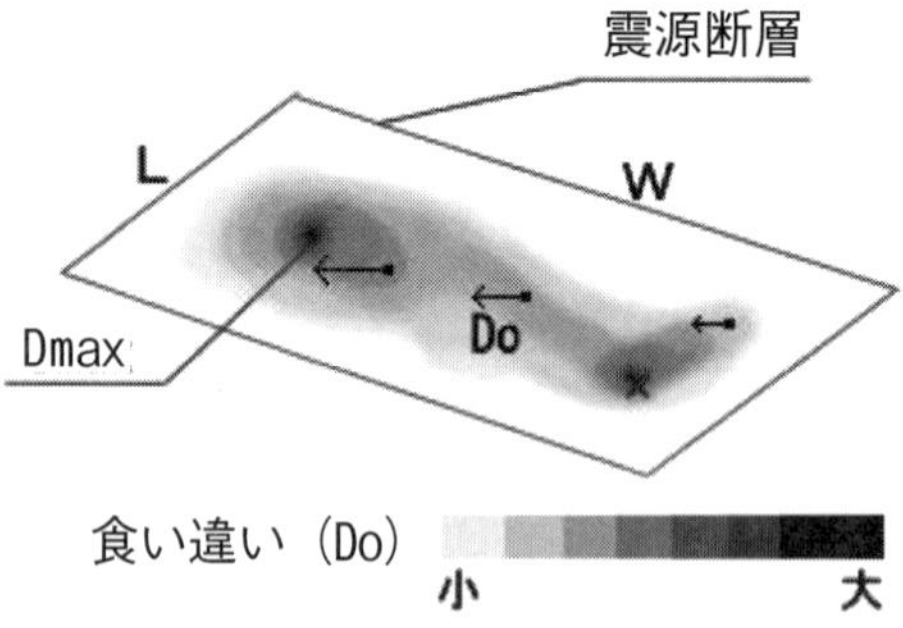

各点の Do を平均して D を求める

モーメントマグニチュードのモーメントとは地震モーメント Mo のことをさす。
モーメントマグニチュード　Mw と Mo の間には
Mw = (log Mo - 9.1) / 1.5 の関係がある。

第7章

地震と原発事故

——福島原発震災の徹底検証を

立石　雅昭

はじめに

福島原発の過酷事故で放出された放射能による汚染の実相が明らかになってきています。放射能汚染は原発の地元福島浜通地域だけでなく、県都福島を含む中通り地域からさらには東北南部・関東北部へと広がっています。放射能汚染は国民に不安を広げ、東京電力をはじめとする電力事業者ならびに国の無策のなかで、怒りが渦巻いています。

二〇一一年四月二三日、日本科学者会議エネルギー・原子力問題研究委員会主催の緊急シンポが東京で開催されました。そこで、筆者は、「東北地方太平洋沖地震とはどのような地震であったのか」と題して、原発と地震との関わりについて話題提供する機会を与えられました。その際、私は科学者・技術者が原発の危険性から国民の命と暮らしを守るためには、強大な勢力である「原発利益共同体」（吉井ほか、二〇一一）[引]と全面的に対峙する覚悟が求められる旨、強調しました。

全国17箇所、54基の原発が次々に定期点検に入り、その再稼働が受け入れられなければ、日本のすべての原発が来年春には停止するという事態を前に、原発稼働を巡る攻防が激しさを増しているなかで、改めて福島原発の過酷事故から学ぶべき視点を書き留めます。

吉井英勝ほか『震災復興の論点』（新日本出版社, 2011）.

一　放射能汚染への無策

七月二七日の衆議院厚生労働委員会における児玉龍彦東京大学アイソトープ総合センター長の「放射能汚染の健康への被害」と題する国の無策に対する怒りを込めた証言は、これまでの放射能汚染に関する種々の意見とは異なる角度で話され、大変勉強になりました。

児玉氏は、内科医として東大病院の放射線の除染に長年携わってこられましたが、以下のように話されました。

「われわれが放射線障害をみるときには総量を見ます。それではいったい今回の福島原発事故（によって放出された放射能：筆者補足）の総量がどれぐらいであるか、政府と東京電力ははっきりとした報告はまったくしていません」「今回の福島原発の問題はチェルノブイリ事故と同様、原爆数十個分に相当する量と、原爆汚染よりもずっと大量の残存物を放出したということが、まず考える前提になります」

その上で、専門の立場から、内部被曝の問題を取り上げられ、とりわけ、原発事故で避難を余儀なくされている人たち、特に子どもたちを守るために、何をするべきかを提案されています。

現実に東北日本南部から北関東一帯が放射能に汚染されてしまった以上、この事実を冷静に受け止め、何をなすべきかの議論が必要でしょう。広く英知を結集する、ということは当初から提案されていましたが、私たちも視野を広く持って、対応をさまざまに考える場を設定し、世界の英知を集めた対策を進めなければなりません。

二　耐震設計基本思想の限界

原子力安全耐震設計特別委員長である入倉孝次郎氏は、事故後あるマスメディアのインタビューに対して、次のように述べています。「（自然事象として）想定以上のことが起こっても、（原発は）安全なように設計されていないといけない。科学の力が及ばないということは絶対に言ってはいけない。それが原発の『設計思想』のはずだ」。

こう述べた一方で、入倉氏は「今回の事故から学ぶべき教訓は」との問いに対しては、「自然の怖さを知って原発を設計することです。自然のせいにしてはいけない。自然では人知を超えたものが起こりうるんです」。

入倉氏に対して、私は強震動研究の第一人者として尊敬しているし、その誠実な人柄に対しても、原子力安全委員会におけるバックチェック注)に対して一定の信頼を寄せるもとになっていました。私自身は、現在の原発は多くの危険性を内包しているとの立場で、その安全性を少しでも高める立場でさまざまな問題提起をしてきました。

しかし、三月一一日の東北地方太平洋沖地震とそれに続く津波によって引き起こされた福島原発の放射能放出事故は、このような考えの甘さを知らしめるものとなりました。過酷事故は、研究者・技術者の個々の良心や倫理観を超えたところで発生しました。すなわち、電力事業者と国によって長い間に醸成されてきた「安全神話」に浸かりきった科学者・技術者は、原発の危険性に対して目と耳をふさぎ、安全性を高める努力を放棄してきたのです。この状態が「神話」と言われるゆえんでもあるのでしょう。

原発の耐震安全性という点でいえば、その時代の最先端の考えでもって対応すればよいとする、現在の考え方が問われています。自然の底知れない力について、人間が知り尽くしているとは誰も言わないでしょう。しかし、ウラン燃料を燃やして、核分裂を生起し、その巨大なエネルギーを利用する原子力発電所は、現在科学のレベルで制御可能と考えること自体、人間の傲慢さを表しているといえます。

バックチェック：新たな安全基準が作成された場合に，それ以前に作られた設備や構造物などについて，新基準に照らし合わせて調査しなおすこと．p.149 の図参照

「原発は現在の人知では制御できるものではない」という認識こそが、福島原発事故からの最大の学ぶべきことではないでしょうか。その時々の最先端の科学技術で原発を制御できると考えるのは、自然への畏敬の念を喪失した人間のおごりだと思います。まして、ひとたび原発建設を決めた地域は、どのように危険な地質・地震学的条件であろうと取り消されることがないという事実や、ひとたび安全だと判断した原発に関しては、それが30年前の判断であり、その後新しい知見に基づいて危険性が指摘されても顧みない、という日本の原子力行政では、国民の安全が守れないことは明らかです。

三　地震活動期の日本列島で稼働する原発

「高い技術力」と「多重防護」注)を誇ってきた東電の福島第一原発が地震と津波を契機にいとも簡単にその壁を突き破られ、あってはならない放射能の外部への放出を引き起こしたのです。地震と津波によって電源が喪失し、冷却機能を果たせないことが明らかになってからの、東電と政府機関の初期対応のまずさは、誰の目にも明らかでした。危機管理(アクシデントマネージメント)がまったくできず、広い大地と海を汚染させ、多くの国民を

多重防護：原発は，燃料を焼き固めたペレット，ペレットを包む燃料被覆管，圧力容器といわれる鋼鉄のお釜，格納容器といわれる鋼とコンクリートの容器，そして原子炉建屋の５重の壁で放射能を防護しているので安全であるという安全神話の一つ．

放射能に被曝させてしまう結果をもたらしました。この危機管理体制の検証を踏まえた新たな体制の構築は、福島原発事故の教訓として深く刻まれなければならないでしょう。

兵庫県南部地震以降、日本列島は地震の活動期にあると言われ、地震の履歴（表7-1）をみれば、今後少なくとも10数年から20年は予期できない地震が各地で発生する可能性があるといえます。

表7-1 日本列島における地震の履歴

1923年から1948年が先の活動期と考えられる

発生年	M	地震名	死者・行方不明者	津波
1872	7.1	浜田地震	550	○
1891	8.0	濃尾地震	7,273	
1894	7.0	庄内地震	726	
1896	8.5	明治三陸地震	21,959	○
1896	7.2	陸羽地震	209	
1923	7.9	関東地震	10万5千余	○
1925	6.8	北但馬地震	428	
1927	7.3	北丹後地震	2,925	○
1930	7.3	北伊豆地震	272	
1933	8.1	昭和三陸地震	3,064	○
1943	7.2	鳥取地震	1,083	
1944	7.9	東南海地震	1,223	○
1945	6.8	三河地震	2,306	○
1946	8.0	南海地震	1,330	○
1948	7.1	福井地震	3,769	
1968	7.9	十勝沖地震	52	○
1978	7.4	宮城県沖地震	28	○
1983	7.7	日本海中部地震	104	○
1993	7.8	北海道南西沖地震	230	○
1994	7.6	三陸はるか沖地震	3	○
1995	7.3	兵庫県南部地震	6,437	○
2000	7.3	鳥取西部地震	0	
2001	6.7	芸予地震	2	
2003	7.0	宮城県北部沖地震	0	○
2003	8.0	十勝沖地震	2	○
2004	6.8	中越地震	68	
2005	7.0	福岡西方地震	1	
2005	7.2	8.16宮城地震	0	○
2007	6.7	能登半島地震	1	○
2007	6.8	中越沖地震	15	○
2008	7.2	岩手宮城内陸地震	17	
2011	9.0	東北地方太平洋沖地震	20,458	○

活動期にある地震列島日本で17箇所、54基に上る商業用原子力発電所が建造され、稼働しているという事実に改めて戦慄を覚えます。

驚くべきことは、この危機管理体制の不備にまったく言及することなく、電源確保と津波に対する緊急安全対策を施したから、浜岡原発以外の原発は安全だという、経済産業省、政府の無責任きわまりない対応であり、それを受け入れる自治体首長がいたことです。

四　東北地方太平洋沖では なぜ超巨大地震が想定されていなかったのか

本節では、特に地震・津波が多発する東北地方太平洋岸で、M9・0クラスの地震が想定できず、津波の来襲規模がなぜ、低く想定されていたのか、を検証します。

太平洋沿岸各地では図7-1に示すように、一九五二年のカムチャッカ地震、一九五七年のアリューシャン列島中部のアンドレアノフ地震、そして一九六〇年の史上世界最大規模のチリ地震、一九六四年のアラスカ地震、二〇〇四年のスマトラ地震、二〇一〇年のチリ中部地震と記憶に新しいものまで、相次いでM8・8~9・5クラスの地震が発生してい

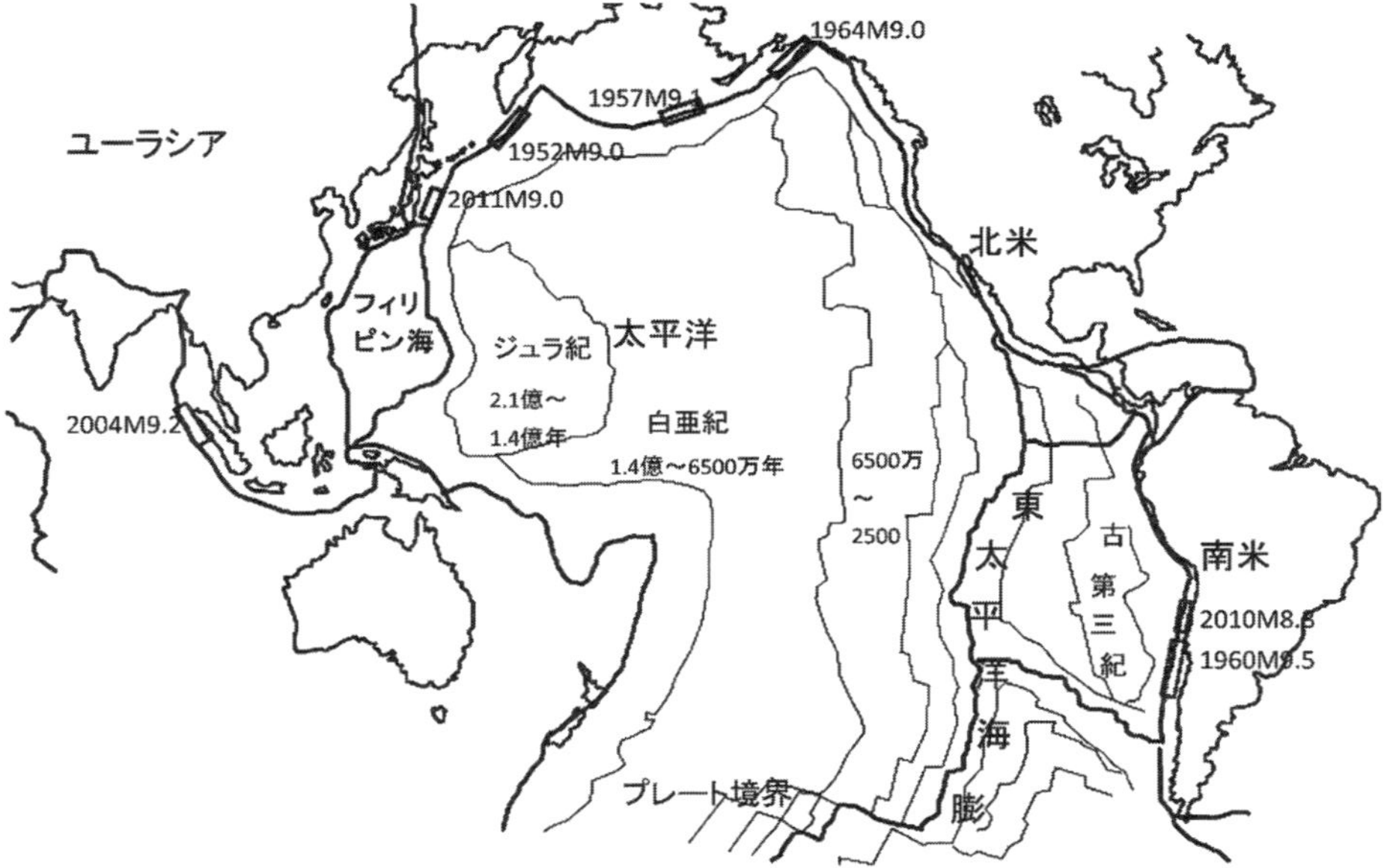

図 7-1　太平洋沿岸における巨大地震と太平洋プレートの年代

太平洋の東に偏在する東太平洋海膨で生まれた太平洋プレートは，それぞれ東西に移動していく．西太平洋の海溝部で大陸プレート等の下に沈み込む太平洋プレートは長距離移動したためにその形成年代が古い．

ます。にもかかわらず、一九九五年の兵庫県南部地震以降、日本、すなわち世界でも最も地震に関する調査・研究の最先端にある研究機関・研究者を集めた文部科学省の地震調査研究推進本部用）では、海溝型のプレート間地震用）として、東北地方太平洋沖ではＭ９クラスの地震は起こらないとする長期予測を行っていました。

東京電力もそのとらえ方を踏襲して、福島原発に最も大きな影響を与える地震として塩屋崎沖のプレート間地震を想定してＭ７・９、それによる福島第一原発敷地の解放基盤面での揺れの大きさ（基準地震動）用）を６００ガルとしていたのです。

太平洋プレートが陸のプレートの下に沈み込む場で、各地でＭ９クラスの地震が多発してきたのに、同じような場にある東北地方の沖合ではなぜ想定規模が小さくなるのか、という理由は、古いプレートが沈み込む用）時には、地震を引き起こす領域が連動しないという考えが採用されていたからです。形成されて間のない若いプレートが沈み込む東太平洋沿岸やインド洋北部では、破壊される領域が連動し、巨大な地震が発生すると考えられていたのです。

太平洋プレートは、太平洋の東に偏って位置する東太平洋海膨でわき上がってきたマグマが冷却されて形成されます。日本列島の下に沈み込んでいるプレートは、太平洋のプレートの動きに従って、北西に長距離移動してきて日本列島の下に沈み込んでいるために、そのプレートの形成年代、すなわち、海膨でわき出した年代が古く、一方、東太平洋では形成されてすぐの若いプレートが南アメリカ大陸プレートの下に沈み込んでいると考えられているのです。

表 7-2　福島第一原発における地震動観測記録

観測点（原子炉立屋最地下階）		観測記録（暫定値）最大加速度応答値（ガル）			基準地震動 Ss に対する最大応答加速度値（ガル）		
		南北方向	東西方向	上下方向	南北方向	東西方向	上下方向
福島第一	１号機	460	447	258	487	489	412
	２号機	348	550	302	441	438	420
	３号機	322	507	231	449	441	429
	４号機	281	319	200	447	445	422
	５号機	311	548	256	452	452	427
	６号機	298	444	244	445	448	415

　このたびの東北地方太平洋沖地震は、この考え、すなわち、沈み込む海のプレートの年代によって、巨大地震が発生するかどうか判断することに大きな誤りがあったことを示すものであり、今後、日本列島太平洋岸の各地域が受ける地震動の予測に、大きな影響を与えることになるでしょう。

　東北地方太平洋沖地震による地震動は、二〇〇六年に25年ぶりに改訂された新「耐震設計審査指針」にそって求められた基準地震動Ss用）６００ガルをもとに計算された、福島第一原発各号機の基礎を置く最下階での想定地震動を上回るケースが出たのです（表７-２）。

　東北電力の宮城県女川原発でも、本震はもとより、四月七日の余震の揺れでも想定値を上回って観測されました。このような事態は、新基準地震動Ssの算定が不十分であることを示すとともに、この間進められてきた既設原発の耐震安全性バックチェックなるもののやり直しが必須であり、当然、基準地震動の算定方法自体の見直しが求められることになるでしょう。

五　津波研究の成果を無視してきた原発

全電源喪失に直接的に結びついた津波については、一九九〇年代からあいついで新しい研究成果が得られた八六九年の貞観《じょうがん》津波に関して、電力事業者や安全保安院が、その最新の知見を福島原発の安全性に反映させる努力を怠ったことはよく知られています。

原子力安全委員会が作成した新耐震設計審査指針の説明パンプに描いている既設原発の安全性を確認するバックチェック(図7-2)では、その安全性を担保するために最新の知見を反映させるとうたわれていますが、新しい研究成果が出てきても、「まだ学界でオーソライズされていない」を口実に、無視してきたのが現状です。

巨大地震にともなう津波に関する研究では、貞観津波がよく知られていますが[引1・2]、

1）宍倉正展ほか「石巻平野における津波堆積物の分布と年代」『活断層・古地震研究報告』第7号（2007).
2）佐竹健治，行谷佑一，山木 滋「石巻・仙台平野における869年貞観津波の数値シミュレーション」『活断層・古地震研究報告』No. 8, 71-89（2008).

北海道太平洋岸でも、巨大地震と津波に関する研究成果が報告されていました。

　根室半島に広がる霧多布湿原での調査をもとに、二〇〇三年の十勝沖地震（Ｍ８・２）と一九七三年の根室沖地震（Ｍ７・３）の震源域が連動するＭ８・６を超える巨大地震で、津波が内陸３kmまで押し寄せるような事象が、この２０００年間に少なくとも５回発生し

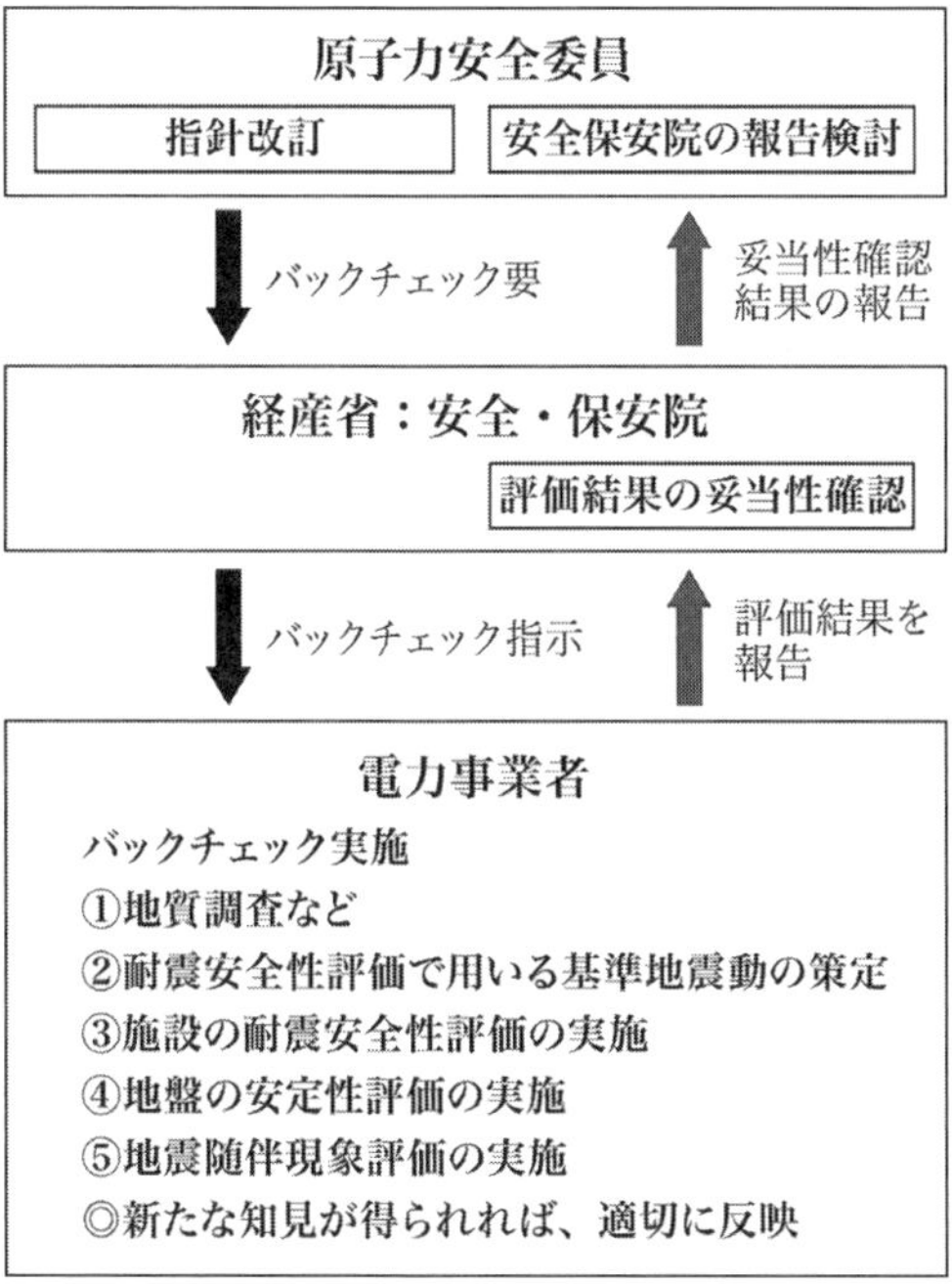

図 7-2　既設原発のバックチェックの流れ

2006 年に耐震設計審査指針が改訂されたのを受け，既設の原発では，耐震安全性に関する評価を求められ，それに対する国の再検討の流れを示す．

ていたとする産業技術総合研究所[H]の研究者の研究です[引]。貞観津波の研究やこの北海道太平洋岸の研究は実証的な研究であり、地震の発生機構や津波の影響に関する知見として、原発の耐震安全性にもっと生かされるべき成果でした。

一方、津波に関する基礎的研究は、特に地形や建物の配置との関連で遡上[用]する高さを推測したり、津波の破壊力に関する基礎的研究が遅れていることも、率直に指摘しなければなりません。また、今津波に関してほとんど言及されていませんが、原発の安全性を考えるうえで欠かすことができない条件が、冷却用の海水の取水口の高さです。

過去の研究においても、引き波でどこまで海面が低下したかは、まったく触れられていません。口伝で、どの辺まで海が後退し、陸地が現れたかという話は聞かれますが、それを科学的に整理した研究は見当たりません。

福島第一原発では、土木学会原子力部会津波評価部会が二〇〇二年に作成した「津波評価手法」に沿って、最大波高5・7m、最低波高マイナス3mとされていましたが、柏崎刈羽原子力発電所では同じ手法で、最大波高3・3m、引き波の最低波高はマイナス3・5mと推定され、取水口の高さがそれ以下に設定されているので、いずれの原発も取水不能に陥ることはないと強弁されてきました。しかし、その推定そのものが、福島原発の最大波

佐竹健治，七山 太「講演要旨:津波堆積物・津波計算からみた北海道東部の歴史地震」『歴史地震』19号，p.172（2003）.

高の推定と同じ計算方法に基づいているのであり、その非科学性は明らかです。また、この取水設備が地震動で損傷を受ける可能性についても、検討されていないのが現状です。

六　「活断層評価」に科学的根拠があるか

今地震による原発の耐震安全性に関わって、もう一つ大きな問題として浮かび上がってきたのが、「余震」用)によって、これまでその活動性が否定されていた断層が地表地震断層として動いた可能性が出てきたことです。

四月一一日、夕刻、福島県浜通りで大きな地震動を観測(M7・0、深さ6km、正断層用)型)。これは三月一一日の巨大な本震で東北日本における応力歪みが変わるなかで、内陸活断層の活動によって発生したものです。

福島県いわき地方において、これまで活断層用)とされていた井戸沢断層だけでなく、それに隣接し、東京電力によって活動性が否定され、原子力安全・保安院もその報告を妥当と評価していた湯ノ岳断層(長さ13・5km)でずれが生じたという報告が、複数の研究機関の調査で明らかにされました(土木研究所、産業技術研究所、日本応用地質学会東北支部・

日本地すべり学会東北支部 合同調査）（図7-3）。

新しい耐震設計審査指針では、12～13万年よりも以前に動いた断層であれば、再び動くことはないとの立場で、そうした断層は、原発の耐震設計上、考慮する必要性を認めていなかったのです。同様に、各地の原子力発電所の敷地内外には、こうしてその活動性が否

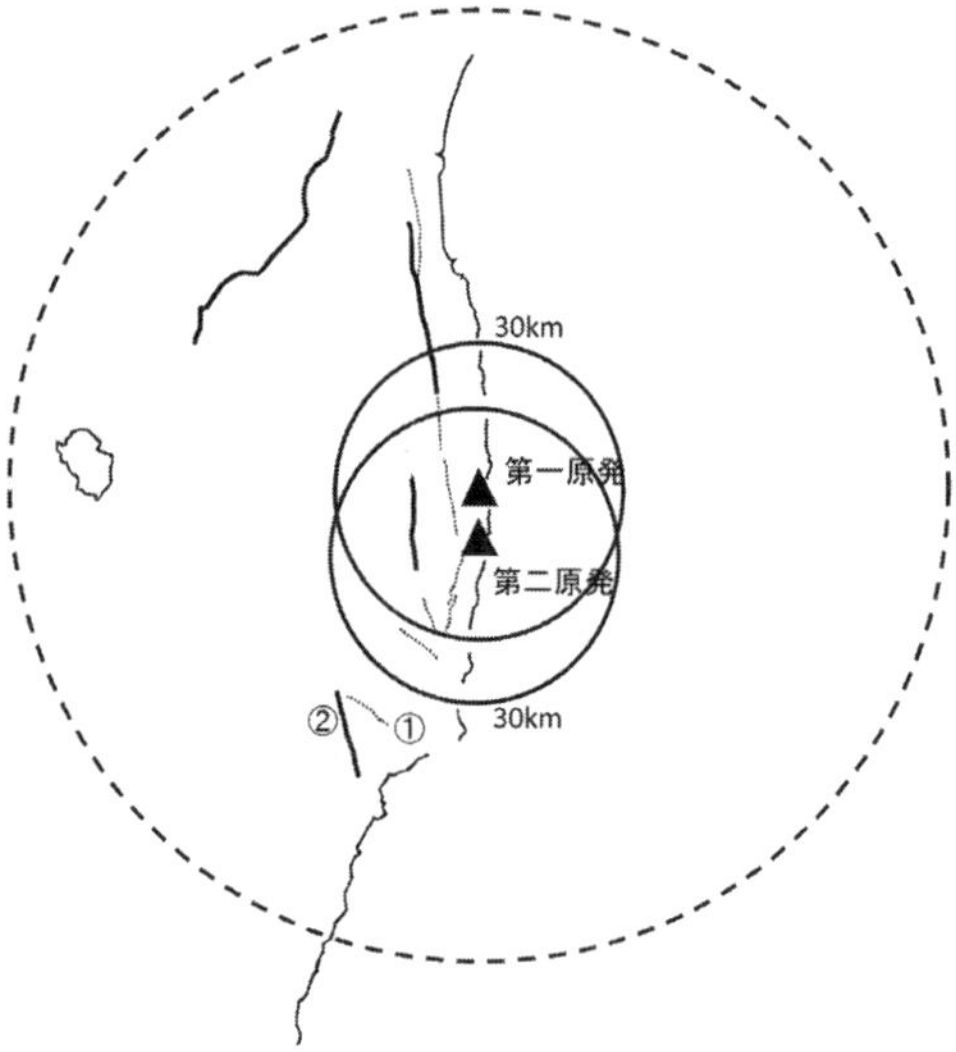

図 7-3　福島原発と東電による検討用断層

実線は検討用とされた活断層を示す．点線は活動性がないとの判断のもとに検討対象とされなかった断層．①が湯の岳断層．②が井戸沢断層．4 月 11 日の誘導地震でこの湯の岳断層が地表地震断層として現れたという報告がなされている．

定されている断層が複数あります。例えば、柏崎刈羽原子力発電所では、原子炉建屋直下に少なくとも中期更新世末（簡単に言えば、およそ20万年前頃）に動いたと考えられるα・β断層などがあります（図7-4）。中部電力の浜岡原発の敷地にもH系断層と呼ばれる断層群がありますが、中電や安全・保安院はこの断層は周辺地域で、10万年前の地層を切断していないので、今後活動しないと評価してきたのです。

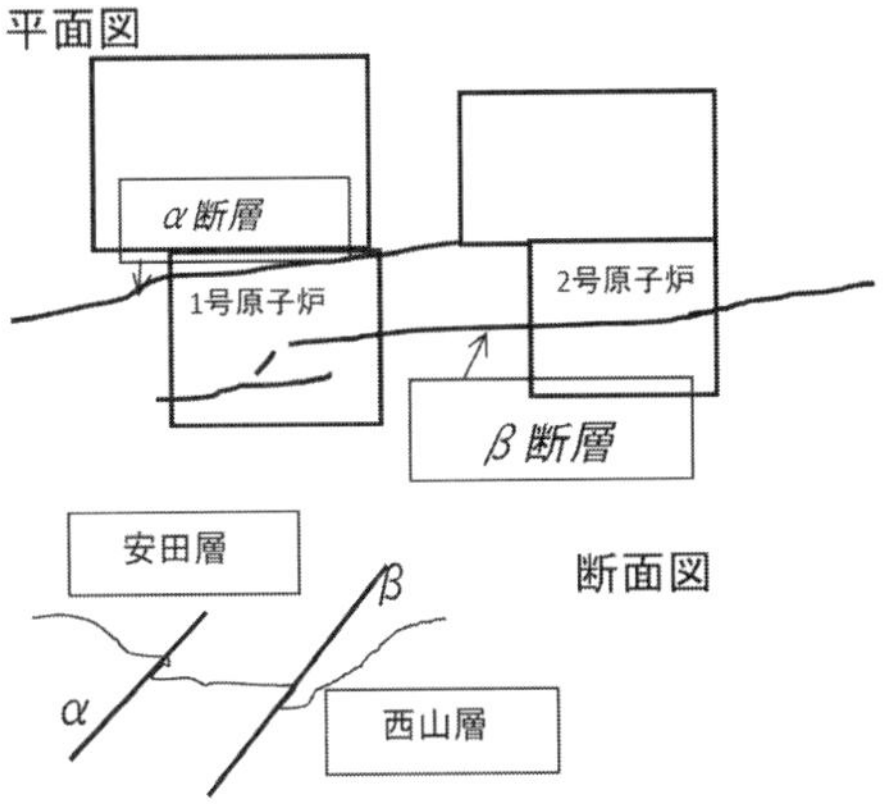

図7-4　新潟県柏崎刈羽原発の原子炉直下に走るα・β断層の平面図（上）と断面図（下）

断面図の西山層は原子炉などを埋め込んである基盤で形成年代はおよそ250万年前から100万年前．それを不整合で覆う安田層は更新世中期末（およそ20数万年前から12万年前の地層）．β断層は安田層の下部を切断していることは東電も認めてきた．（説明文は図の右側に入れる）

これらが大きな地震あるいは余震でずれた場合、直上の原発にどのような応力がかかるかはまったく検討されていません。原子力安全・保安院は、この事態のもとですべての電力事業者に対して、8月末までに活動性を否定してきた断層について再評価を求めています。

断層が再活動するか否かの判断に、12～13万年という基準をもうけているのは、当然原発だけですが、国民のいのちとくらしを守るという立場に立った時、この基準の妥当性を地質科学・地震学の立場から真剣に検討しなければならないでしょう。

七　アクシデントマネージメントについて

二〇〇七年に発生した中越沖地震で、東京電力の柏崎刈羽原子力発電所が世界で初めて地震によって被災しました。この地震被災の教訓は、その後の原子力発電所の安全対策に十分生かされなかったのです。何より、日本の原発は「多重防護」の下で、「過酷事故は起きない」という電力事業者と国が醸成した「安全神話」のもとで、過酷事故が発生した際にどのように対応するべきかが、まったく検討されてこなかったのです。

元ＩＡＥＡ注）緊急時対応レビューアの高橋啓三氏引）は、その書『福島第一原発事故衝撃の事実』の「今回の事故対応で最大のミスとはなにか」という項で、「結論から言ってしまえば、日本人の危機対応。ここに最大の問題があったと言うことに尽きます」と述べています。

この書について言えば、賛成できない部分も多々ありますが、発生した事実の解析は公表された資料を基に議論されており、貴重な論点が提示されています。

原発事故の際に、政府中枢、電力事業者、現場が取るべき対応は何なのでしょうか。「原発事故」のアクシデントマネージメントはどうあるべきかの議論は、「安全神話」のもとでなされてこなかったし、現実に機能しなかったことが事故を拡大したのです。膨大な放射能が大気と海、土壌を汚染し、国民の不安を広げている現在でもなお、誤った対応が改められていません。

経済産業省、原子力安全委員会、安全・保安院、そして電力事業者は、この最も重要な点の検討を放棄し、「電源確保」と「津波対策」「ベント対策」注）などで個々の原発の安全性審議に持ち込み、再稼働の道を切り開こうとしています。このような動きに対して、私たちの役割は、福島原発事故が引き起こされ、拡大した要因を明らかにし、メスを入れることでしょう。

IAEA：国際原子力機関（International Atomic Energy Agency）
高橋啓三，手島佑郎『福島第一原発事故 衝撃の事実』(ぜんにち出版，2011).
ベント対策：蒸気を排出させる排気配管を独立させ水蒸気爆発を防止する対策

南海トラフの巨大地震モデルの中間まとめのポイント

南海トラフの巨大地震モデル検討会のポイント（これまでの地震モデルとの違い）		
事項	**中間とりまとめ　(2011.12.27)**	**中央防災会議(2003)モデル**
想定の対象	○科学的知見に基づく、あらゆる可能性を考慮した最大クラスの巨大な地震・津波を想定	○過去数百年間に発生した地震の記録の再現を念頭に置いて地震・津波を想定。
過去地震の取扱	○南海トラフで発生した過去地震をできるだけ過去に遡って資料を収集・整理 （現時点の資料では、過去数千年に発生した地震・津波を再現しても、それが今後発生する可能性がある最大クラスの地震・津波とは限らない）	○過去の資料が整理されている、1707年宝永地震以降の5例の地震に関する古文書調査・地殻変動調査の資料を収集・整理
	・古文書調査・地殻変動調査の充実（1707年宝永地震より前の地震に関する記録を含む） 津波堆積物調査・遺跡の液状化痕跡調査の活用（古文書には記録のない地震の考慮）	
想定震源域 想定津波波源域 の設定	【領域設定の主な根拠】 最新の断層モデルに係る地震学的知見から設定 ・地下構造探査、深部低周波地震観測等による詳細なプレート形状 ・東北地方太平洋沖地震の津波発生メカニズム	【領域設定の主な根拠】 2003年当時のプレート形状の知見をもとに設定
	【想定震源域・想定津波波源域】 （内陸側の領域端）　プレートの深さ約30kmよりやや深い部分まで拡大 （東側の領域端）　トラフ軸から富士川河口断層帯の北端まで拡大 （南西側の領域端）　日向灘よりもさらに東西方向へ拡大 想定震源域はプレート深さ10km （トラフ軸側の領域端）　想定震源域は深さ10km 想定津波波源域は津波地震を考慮して深さ10kmより浅い部分も対象	【想定震源域・想定津波波源域】 （内陸側の領域端）　プレートの深さ約30km （東側の領域端）　トラフ軸側に同じ ※富士川河口断層帯は考慮しない （南西側の領域端）　想定震源域は日向灘手前 想定津波波源域は日向灘 （トラフ軸側の領域端） プレートの深さ約10km　※津波地震は考慮しない
地震モデル構築 方法	○想定震源域・想定津波波源域において、アスペリティ・すべり量に関わる科学的知見（例：世界の海溝型地震、プレートの沈み込み量、南海トラフの過去地震、津波地震等）を踏まえ、地震の規模、アスペリティの位置、断層すべり量などの断層パラメーター等を設定し、震源断層・津波断層モデルを構築	○想定震源域・想定津波波源域において、1707年宝永地震以降の5例の過去地震の重ね合わせを再現できる断層パラメータ等を設定し、震源断層・津波断層モデルを構築

第8章

それぞれの地域にあった災害対策を

——住民参画こそ活きた計画の保証

千代崎一夫
山下　千佳
イラスト　住川　遙佳

一　地震・津波に放射能、「不」評被害

東日本大震災は、多くの犠牲と大変な被害をもたらしました。震度7の地域は広くはありませんが、震度6、震度5となるにつれて被害面積は広がり、体験者が数千万人という状況になりました。その経験を再認識してもらい、「減災・防災」という意識を地域の災害対策に役立つものにしていくことが大切だと思います。

私たちが伝えられることは、被災地で見てきたことの一部ですが、今までの知見と合わせてみれば、本質をつかむことはできると思っています。

被災地を直接支援することと、自分たちのまちを安心できるようにしておくことは、どちらも欠かせないことと考え、防災マニュアル本の出版や「防災出前講座」などをとおして分かりやすく伝えることで、住民の防災意識を高めたいと思います。

東日本大震災の被害の特徴は、「地震・津波に放射能、『不』評被害」[注1)]に「『無』計画停電」[注2)]と考えています。また、「エリートパニック」[注3)]も被害を拡大した要因の一つです。そして、もう一つの特徴は原発事故です。核燃料サイクルは不完全な技術であり危険だと指摘していた原発が事故を起こしました。

原発推進者たちは、事故が起こる確率は「100万分の1」とか「万々が一」などと

1）風評被害とは、根拠のない噂で起こる経済等の被害であり、原発事故は実際に線量が出ていることから、実害として、「不」評と表現している。
2）発電した電力が余れば、停電予定地でも送電したために「無計画停電」となった。
3）エリートが住民らの混乱を防ぐためという理由で情報を操作してしまうパニック現象

言っていましたが、今回の事故で、福島原発は40年の歴史のうち、故障している時間が１年間を過ぎました。これは時間軸で考えると、東京電力福島第一原発だけを考えた場合、事故の確率が45分の１であるといえます。台数からいえば、54基原発があるうち事故を起こしたのは４基なので約８％にあたり、かなり危険率の高いものであったことが分かります。事故が頻発している他の原発も含めて、原発推進者が今まで主張していた事故の確率は、実態とかけ離れています。原発は、桁違いに危険であると断言できるでしょう。

例えば、こんな確率で事故が起こる自動車は誰も使いません。しかも、乗れなくて利用できないうえに手入れをし続けていないと、爆発をしてしまうような自動車です。これでは廃車しかないのは当然です。汚染された冷却水がどんどん溜まってしまっているのは、放射能が漏れ続けているのと同じです。

二　科学的でないから起こった事故

このたびの巨大地震と津波を１０００年に一度の規模というような言い方をしていますが、数百年前の地震規模にあった被害想定をすべきだということに対して、近代的な観測が始まる前のことだからと退けていたのでは貴重な教訓さえ得られません。科学は万能ではありませんが、政策が科学をねじ曲げてきたことの結果が多数の死者と行方不明者を生み出してしまったのだと思います。

無理をしたエネルギー確保が、原発に走った原因の一つだと思います。代替えエネルギーの確保と省エネ・環境問題に、正面から向き合わなければならない時代になってきました。住宅その他の建物でも、省エネを考えることが必要と思います。

三　災害に対する住民側の全国組織

全国災対連（災害被災者支援と災害対策改善をめざす全国連絡会）は、阪神・淡路大震災後に「被災者支援、減災、予防も含む」ことを考え行動する持続的全国組織「防災ＮＧＯ」として、一九九九年一〇月に創設されました。

インド洋津波の際には、インドネシアの農民組織から日本の農民連（注）に派遣要請がありました。農民連から、農業の専門家を派遣したいという提案があり、災対連として派遣要請に応えるという国際的な活動もしています。

二〇一〇年には、『自然災害「いざという時」の備えに――災害対策マニュアル』を作成しました。今回の震災ではずいぶん広まりました。

農民連：農民運動全国連合会

四　首都圏の地震と活断層

①　東京でも——予防も考える継続的な防災組織を

東京災対連は二〇〇〇年の三宅島の噴火災害を支援するために設立されました。二〇一〇年の石神井川水害では調査活動を行い、３・11以降も、他団体と協力して報告会や支援活動をしています。

全国、都道府県、市区町村に「予防も考える継続的な防災組織」として結成し、充実をはかることが重要だと思います。

向こう30年の間に起こる確率が99％だといわれていた東北沖での地震は起こりました。東京に大きな被害を与える東海地震の起こる確率は87％といわれています。首都圏内外で、三つの活断層での地震発生の可能性が高まったといわれていましたが、すぐに三浦断層群が追加になり、首都圏を取り囲むような四つの活断層になっています。

中央防災会議の中で今までも指摘され、被害想定も「東京湾北部」「多摩直下」などを代表として、いくつものパターンが出されています。

二〇一二年一月二三日のニュースでは、東京大学地震研究所[H)]が二〇一一年九月に発表していたものが大きくクローズアップされました。M7クラスの地震が首都直下で起きる可能性が「4年以内に70%、30年以内では98%」というものです。

こんな数字だけで右往左往するわけではありませんが、備える必要はあります。

② 首都圏の被害

二〇一一年三月一一日の東日本大震災では、首都圏でも死者13名を出した千葉県旭市の津波での被害をはじめ、東京でも4名の方が亡くなりました。東京の被害は、九段会館の天井が落ちたことと町田市のスーパーマーケットの通路が落ちたことです。落ちた通路は設計と現場が違った構造になっていました。

今回の地震による首都圏での被害の特徴の一つは、液状化現象が大きな規模で発生したことです。

千葉県の浦安市などが有名になりましたが、液状化現象による沿岸部での被害が各地で多発しました。内陸部の古利根川沿いなどでも、一九二三年の関東大震災で木造住宅の倒壊件数が多かった地域で、改めて地盤と住宅の関連などが浮かび上がりました。また、東京都が中央卸売市場の移転先に指定していた豊洲では、108箇所の噴砂をともなう液状化現象が起こっています。

沿岸埋立地では、コンビナートでの火災がありました。住宅地も巻き込む大きな被害になる可能性もありましたので、コンビナートの危険性についても徹底的な検証が必要です。

神奈川県には、研究用の原子炉が廃炉も含めると数カ所あります。原子力空母や原子力潜水艦および各基地にあるであろう核兵器を考えますと、今までの被害想定は相当な見直しをしなければなりません。軍隊組織の基地などは、住民を助けることにほとんど役立っていません。

東日本大震災時、宮城県の自衛隊松島基地は、津波による浸水や液状化被害を受けて、周辺の住民を助けるどころか、配備されている機材を有効に動かせず、基地内部での犠牲も含め被害は1400億円という莫大なものと報じられています。

五 東京都の施策

東京都では、二〇一一年九月に「東日本大震災における東京都の対応と教訓——東京都防災対応指針(仮称)の策定に向けて」を発表しましたが、どこまでが実際の施策に反映されるのかが不明なので、今までの施策をチェックしてみます。

① 革新都政時代の施策

東京都は、一九七一年に「東京都震災予防条例」をつくりました。条例には「……東京は、都市の安全性を欠いたまま都市形成が行われたため、その都市構造は地震災害等に対するもろさを内包している。東京を地震による災害から守るためには、必要な措置を急がなければならない。いうまでもなく、地震は自然現象であるが、地震による災害の多くは人災であるといえる。したがって、人間の英知と技術と努力により、地震による災害を未然に防止し、被害を最小限にくいとめることができるはずである。この条例は、その英知と勇気を導くための都民と都の決意の表明であり、都民と都が一体となって東京を地震による災害から守るための合意を示すものである」とあります。

② 超保守型石原都政では

二〇〇〇年に石原都政のもとで「東京都震災対策条例」がつくられました。残念ながら「震災予防条例」の内容を薄め、都としての責任を投げ出し、都民に責任転嫁をする内容になってしまいました。「……地震による災害から一人でも多くの生命及び貴重な財産を守るためには、第一に「自らの生命は自らが守る」という自己責任原則による自助の考え方、第二に他人を助けることのできる都民の地域における助け合いによって『自分たちのまちは自分たちで守る』という共助の考え方、この二つの理念に立つ都民と公助の役割を果たす行政とが、それぞれの責務と役割を明らかにした上で、連携を図っていくことが欠かせない。……」

この考えで被害が防げるでしょうか。大震災の実態から見ると、予防でも減災でも大きくかけ離れたものになっています。行政がいう「自助・共助・公助」でほんとうに人命が救えるでしょうか。私たちは「自護・協助・公責任」という言葉を対置したいと考えています。大きく見直しがなされなければならないと思います。

国は、大きな震災後の最優先的な課題の最初に「首都機能の維持」を上げていますし、東京都の基本的な考えは、震災後に強い街をつくる「震災復興」です。超高層をたくさん建てる「未来都市」にしたいというような構想に思えます。

東京都では、特に沿道の建物の耐震化を推進する必要のある道路を指定し、一定規模の建物の耐震診断を義務化しました。しかし、これでは道路の内側の建物はどうすればいいのでしょうか。阪神淡路大震災では9割が圧死で、住宅倒壊が主たる原因です。建物に守られた幹線道路にいくら消防車などの緊急自動車が通れても、住宅倒壊は防げません。

これでは減災できません、犠牲者は少なくなりません。私たちの考える防災の観点は、「死者を出さない、けがをしない、逃げ出さなくてもよい住まいとまちづくり」です。

六　住民の目で検証を

火事の発生率は住宅の倒壊率と関係がありますので、建物を倒さなければ火事の発生は少なく消火する箇所も少ないので、消火は効果的に行えます。屋根に葺いてある瓦などが落ちると、アスファルトを染み込ませたルーフィング紙が下にありますし、外壁も同様です。乾いた木材とルーフィング紙はすぐに燃え上がります。やはり耐震診断を推進して、「より増し補強」を含む耐震補強を、行政が助成をしながら、震災に強いまちをつくっていくのを推進していくことが合理的です。

身近なところでなら施策も判断できます。

例えば、避難場所は、大きな道路や川・鉄道などを渡るような避難経路になっていないでしょうか。

そういうもので区切られた区画内でこそ、安全に過ごせることが必要です。

東日本大震災では、「仙台市の保育園から20メートルの大通りを渡らなければならなかったが信号は停まっている、自動車は止まらないということで渡れず、ビルの脇にブルーシートを敷いて何時間か過ごした例もあります。（『前衛』二〇一一年一〇月号」

自宅に住めなくなったとき、自分が避難することになっている体育館（避難所）に行ってみましょう。その体育館には何人が収容される予定なのかがわかれば、一人当たりの広さがわかります。トイレの数はどうか、異性同士が生活することに対する配慮はされているだろうか、このようなことも判断できます。

七　自治体では

――住民と専門家が協力して正しい防災計画を推進

地域防災計画というものがあります。災害対策基本法に基づいて自治体が作っています。都道府県と基礎自治体の両方にあります。まずは、現状の地域防災計画とこれから出される見直し案を把握しましょう。

東京都と居住の区や市の「地域防災計画」に、都民にとって必要なことが入っていなければ、大いに発言をしていくことが大切です。防災の専門家が必要な提言をしても、施策には反映されないこともあります。住民と専門家が手をつなぐことで、正しい防災計画を進められるのではないでしょうか。

地震だけではなく例えば津波、土砂崩れや川の氾濫にも対応することが計画されています。防災・減防を考えると、まず、既存住宅の耐震補強ということが自治体の大きな役割と考えられます。

八　住民参画型の防災計画を

地域防災計画などを中心に防災のための施策や資料、広報などが住民にも伝わっているはずですが、本当にこれで命と生活が守れるのだろうかと、住民こそが考えなければなりません。

①いつでも対応できるような計画ですか?
②予防・減災の位置づけがされていますか?
③避難場所は「川」「大きな通り」「鉄道」などを横切っていませんか?
④避難場所の人数を考えると1人当たりの広さが分かります。十分な広さでしょうか?
⑤「自宅避難」という考え方が認められていますか?
⑥避難場所や避難経路の海抜高さはどうでしょうか?
(津波は「高潮+津波+ゆれによる被害」と考えるべきでしょう)

⑦海からの距離はどうですか？　間に建物はありますか？

⑧「津波てんでんこ」注）という考え方をあらかじめ話し合っておきましょう。

静岡県では、30年前から「地震だ、津波だ、すぐ避難！」というスローガンでした。海沿いのまちでは参考になると思います。

地震で揺れたときには震源地が不明ですので、この考えでなければなりません。

東日本大震災では、早いところでは30分後、遅くて２時間30分後に３回目で一番大きな波が来たという地域もありました。奥尻島の津波は２００人以上の被害を出しましたが、地震後５分で津波がきました。

九　住宅では―ライフラインよりライフボックスを

直下型の阪神・淡路大震災では、建物の倒壊により震災直後に亡くなられた５５００名のうち９割近くの方々が圧死でした。津波の場合でも、家がつぶれたり、家具などが倒れたり、物が落ちたりして怪我をすれば逃げ出せません。

被災地の状況を見て「ライフラインよりライフボックスを」と考えています。

ライフラインは生命線ではなくて「生活線」、ライフボックスとは「命を守る安全なハコ」

津波てんでんこ：岩手三陸海岸地方の津波防災の言い伝えで，津波が来たら，肉親などにかまわずに，取るものも取りあえず，各自てんでばらばらに早く高台に逃げろという意味.

という意味です。「家が潰れなければ死なないですむ」。「建物が大丈夫なら避難所に行くよりは家で暮らすのがよい」。

ただし、救援物資などが届かないなどのことが考えられます。「自宅避難」という概念を確立して、自宅にいても避難なのだということで行政の援助も受けられるようにしておきましょう。本当に必要な人だけが避難所に行くようになれば、避難所にも余裕ができます。

津波の被害でも、津波が来る前に住まいが倒壊したら、逃げることもできません。自宅が地震に耐えられるかどうかをきちんと診断し、きちんと対応することをお勧めします。必要なら補強をしておきましょう。

一〇 企業・職場では――労働安全衛生防災委員会を

丸の内ビル街では「外に出ないでください。建物の耐震性があり、備蓄もありますので、中のほうが安全です」というアナウンスがあったそうです。職場内では、労働安全衛生委員会＋防災＝労働安全衛生防災委員会というのはいかがでしょうか。３・11の時の混乱を教訓にして、東京都では、企業の防災化を進め、災害用品の備蓄も義務化の話が進んでいます。帰宅できない「難民」の受け入れをさせるともいわれています。

住まいとまちの防災講座プログラム

1、3月11日はどうでしたか？（直近の大きな地震）
「防災力診断チェックシート」の各Qの□にチェックをしてみてください。
知っている30点　　思い出せなかった20点　　知らない10点
点数が合計200点以下なら、「緊急簡易防災マニュアル」をつくりましょう。

2、日本大震災の被害の紹介・地震のまめ知識
東京では震度5でしたが、東北などの被災地はどうだったでしょうか。

3、個人や家庭で必要なこと
準備をしていますか？

4、やってみよう
震度6強体験シミュレーションゲーム
「地震が起きた、さあどうする」

防災力診断チェクシート（住まいとまちと職場の簡易防災力診断）

Q１　住戸内や勤務先で一番安全な場所を知っていますか？
知っている□　思い出せなかった□　知らない□

Q２　住戸内や勤務先での行動はどうでしたか？
冷静に動けた□　まごついたが動けた□　動けなかった□

Q３　家族や町会、勤務先で情報交換をしましたか？
組織全体でおこなった□　隣同士だけでおこなった□　しなかった□

Q４　組織として対応できましたか？
決められたことができた□　集まって分担できた□　できなかった□

Q５　家族や組織で「防災」に関して話し合いをしたことがありますか？
常々話している□　３年以内に話した□　話したことがない□

Q6　防災訓練をしたことがありますか？
毎年している□　3年以内にした□　したことがない□

Q7　防災に関する周りのリーダーを知っていますか？
知っている□　名前は知らないがいるのは知っている□
知らない（いないも含む）□

Q8　家庭や職場での備蓄について知っていますか？
品目も知っている□　あることだけ知っている□
知らない（ないも含む）□

Q9　避難場所を知っていますか？
知っている□　決められていることは知っている□　知らない□

Q10　家庭や職場で防災マニュアルや消防計画のようなものがありますか？
見ている□　あることは知っている□　知らない（ないも含む）□

この簡易防災力診断で「動けなかった」「知らない」等に該当する答えが多かった方は、まずは、家庭や職場、地域で次のような緊急簡易防災マニュアルからスタートして、それぞれに合った項目を付け加えて独自の防災マニュアルを作りましょう。

緊急簡易防災マニュアル　（それぞれの場で被害の報告・分析・改善が必要です）

身近な人の安全が確認されたら、廊下や階段に出て情報交換をして、そこでおこなうことと外と連絡を取ることを分担しましょう。

①　まずは身の安全
②　自分と家族の無事を確認したら廊下に出ましょう。
③　自分が閉じ込められたら外にいる人へ連絡をしましょう。
（火事がなければ焦らないで大丈夫です。避難路、避難ハッチ等の利用）
（声、ドアを叩く、笛を吹くなど）
④　エレベーターに閉じ込められている人をチェックしましょう。
（外から見たり、たたいたり、インターホン等）

⑤**町内や職場で災害対策本部の設置**（看板も出しましょう）
電気・ガス・水道・排水のチェック
全体を見まわしましょう。
集合住宅などはエレベーター使用禁止表示、階段もチェック
⑥連絡ボードの設置
状況を伝える　物資　応援が欲しい　応援できます情報
⑦出てきた人、動ける人だけで担当を決めましょう。
町内、居住者、社員等の確認
⑧備蓄品等の確認

【必要な物】※町内、居住者、職場などの名簿
※住戸、職場などの配置図
※ドアでの表示（安否確認のドア表示「全員無事です」等）

＊ガスマイコンメーターの復旧
メーターに付いているマニュアルどおりにしましょう。

＊トイレの確保

便器にかぶせるポリ袋と汚物の凝固剤がセットになった家庭用簡易トイレを用意しておきます。

風呂に溜めておいた水をトイレの水洗に使えるのは戸建ての場合です。集合住宅は、排水漏れの確認が終わるまでは、流すのを待ちましょう。

具体的には

1．戸建てと集合住宅への防災対策

阪神淡路大震災では9割が圧死で亡くなっています。住宅が命を奪いました。耐震診断・耐震補強は自らを守り、家族を救い、まちも守ります。まち全体が被害を受けるような大きな火災はマンションをも巻き込みます。また、マンションの大きな被災は個人や家族の被害だけに留まらず、建物の規模が大きいので地域にも影響を及ぼすことがあります。

耐震診断を受け、必要に応じて耐震補強をおこないましょう。

2．液状化はどうか

地中配管への影響は考慮されていますか。

3. 津波の心配　対策は大丈夫でしょうか。

自治体は「想定見直し」をしているでしょうか。

その間は、防災マップ等に但し書きは付いていますか。

地下鉄・地下街・地下室の安全対策を確かめておきましょう。

ゆれ＋高潮＋津波高の想定と対策はできていますか。

近くの水門・陸こうについても確認しておきましょう。

4. 津波避難ビル

津波の想定があるのなら、緊急時の高さを確保することが必要です。

既存マンションや既存ビルについての耐震診断・耐震補強をおこない、適切な外部階段の設置と地震時に解錠する装置があれば、津波避難ビルが確保できます。

5. 自宅避難

自宅が無事なら「自宅避難」にしましょう。避難所に行かなくても救援物資が届けば、避難所で生活しなければならない人が少しでも楽になります。マンションの集会室を、避難所に準じた扱いにできるように確認しておきましょう。

6. 受水槽の再評価

受水槽はそのマンションの半日分の水量です。平均すれば半分貯まっていると思われます。マンションの住民だけなら2週間以上使えます。

たとえば、私たちの住む板橋区では、集合住宅率を同じような計算をすると3日間はもちます。受水槽の耐震性の確保と使いやすい蛇口を取り付ければよく、夜の間に給水すれば、効率よく緊急の給水ができます。

行政は、生活用水の確保のための給水について、日頃から、方針を徹底しておきましょう。

7. 地震保険・マンション総合保険

地震に対する補償や中間的な場合での事故等に対応するために、地震保険は有効だと思います。

マンションで電気温水器からの下階への漏水に対して、「個人賠償責任保険適用からの免責だ」と主張する保険会社に対して、「震度5強程度では認められない」という判決が東京地裁で下りました。確定したわけではありませんが、注目する意義があります。

＊自宅内の安全を確保する

【家具の配置など】

家具などを固定することから始めましょう。

家具や冷蔵庫などを置く場合は建物が揺れやすい方向も少し考慮にいれましょう。

寝室や子ども部屋を安全にしておくために倒れてくるものがないようにしておきましょう。

○一番無防備になる寝室には、落ちそうなものを置かない。

○ドア付近に置かない。

○避難導線上に置かない。

○ガラス窓を背にして置かない。

○居室の中央に置かない。

【家具などの転倒防止のポイント】

洋服ダンス、和ダンスなどの家具や本棚はしっかり固定させましょう。

家具を固定するには、固定する壁に強度が必要です。

集合住宅の場合、隣戸や廊下など共用部分との「戸境壁」は耐力壁である場合が多く強度があります。共用部分ですが、「規約」を変えて決められた条件の

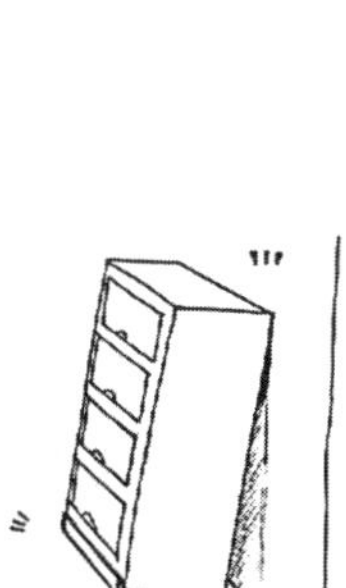

もとで補強ができるようにすることも必要です。室内の部屋を仕切っている「間仕切り壁」を利用して固定する場合は、下地など十分に強度がある場所に設置します。二つ以上の固定を組み合わせるとより効果があります。

○倒れにくくするには重心を下げる。

ものを置く場合には重いものは下に、軽いものは上に置き、少し固定をしておくだけでも違います。家具上部と柱や壁とをL字金具で固定しましょう。ただし、家具を固定すると、収納物が飛び出しやすくなります。扉の開き防止器具「扉ストッパー」を取り付けるとよいでしょう。

【突っ張り棒タイプは使い方に注意】

家具と天井の間で使用する突っ張り棒タイプは、天井が硬いところが適しています。家具と天井との空間が大きい場合や奥行きがない家具に使用するときは効果がない場合があります。

設置するときは、家具の両端の奥側(壁側)に垂直に取り付けましょう。

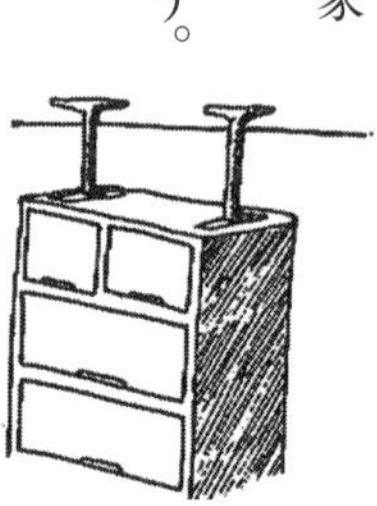

【冷蔵庫】

冷蔵庫は扉が半分の両開きでも、開いたときに手前に重心が移ってしまいます。片開きの場合は、開いたときに左右のバランスがくずれやすく、大きく揺さぶられると倒れます。両開きより転倒の危険性が高くなります。また、ペットボトルなどをドアポケットにたくさん入れてあると、いっそう倒れやすくなります。扉が開いたときに、重いものが奥になるように入れてあるだけでも、被害はだいぶ軽減されます。

【洗濯機】

洗濯機が倒れて水がこぼれると集合住宅では、下階に漏れ被害をあたえることがあります。また水浸しになることで感電したりする危険があります。

とくに全自動洗濯機では、水道との接続部分がはずれたときに、2次災害の恐れがあります。普段から蛇口を閉めるようにしましょう。棚などが落下して蛇口を破損した事故もありました。振動防止と転倒防止には、振動吸収マットなどがあります。

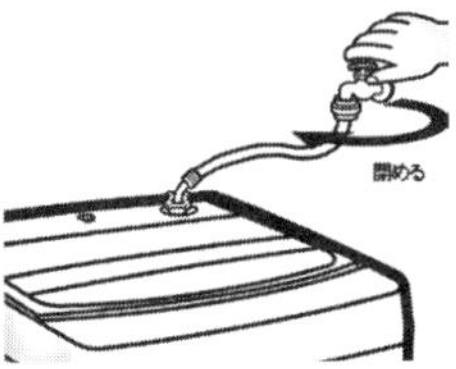

【食器棚】

食器棚は皿などが出てこないように工夫することが必要です。皿を置いてある棚板が手前に傾いていると、小さな振動だけで落ちてきます。棚板が少しでも奥に傾いていれば、落ちにくくなります。食器の下にすべり止めシートを敷いて置くなども効果があります。（食器の置き方や積み方にも工夫を） ガラス戸は飛散防止フィルムをはり、ガラスが割れた場合の飛散を防ぎます。開き扉の場合は、フックや開き防止ストッパーを付けて扉が開かないようにします。

【窓ガラス】

窓や戸棚など室内にはたくさんのガラスがあります。ガラスは破損して飛散する危険があります。

家具に使用されているガラスは、できるだけ強化ガラス製品を選びましょう。専用の透明フィルム（飛散防止フィルム）を全面に貼ることで破片が飛び散ることを防げます。フィルムを貼る場合、上下左右とも枠から枠までなるべく隙間をつくらないように貼ります。

【その他】

○カーテンでガラスの飛散を防止する。
（就寝時と外出時はカーテンを閉める）

○台の上のテレビは滑り止めの「粘着マット」を張り固定する。耐荷重がテレビの重さに合ったものを選ぶ。

台とテレビの大きさがあったものを選ぶ。テレビ台と床を忘れずに固定する。

○パソコンやプレイヤーなどは、机やテーブルの上に粘着マットを敷いて置く。机やテーブルから転げ落ちないように固定する。

○照明器具の吊り下げ式は要注意。固定式（壁や天井直付け式）にする。

○本棚は重い本を下にして、本が飛び出さないようにゴムやロープを張る。

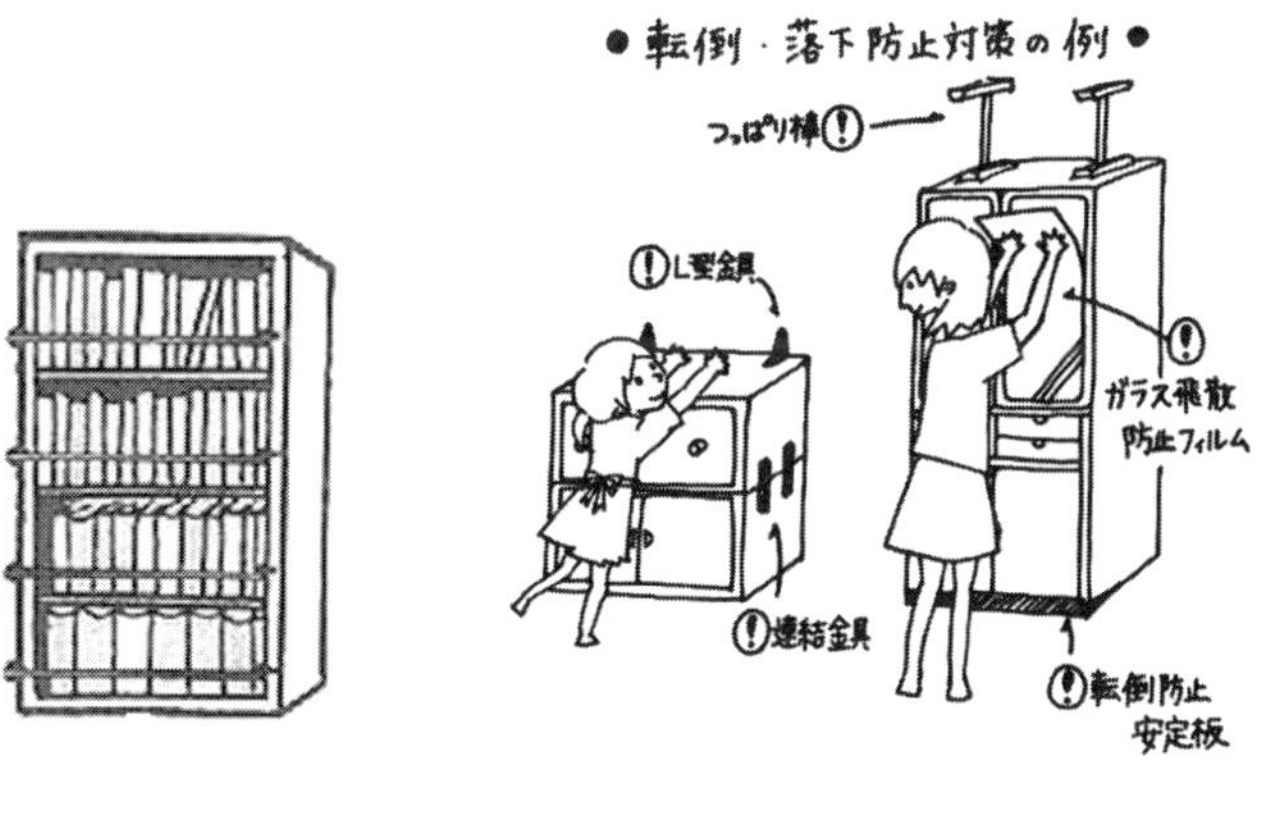

自宅避難ができるように備える

大地震で電気・ガス・水道などの供給が途絶えることがあります。最低3日間は自力でしのげる準備をしておきましょう。

【水の備え】

災害時に最も困るのは水の確保です。生命維持のために必要な飲み水、調理用は1人1日3ℓ《リットル》といわれています。家族の分も考えて多めに用意をしましょう。ペットボトルのものは衛生面でもおすすめですが、賞味期限に注意してください。5年間保存できるものもあります。

洗濯、入浴、洗面などの生活用水はポリタンクの水が便利です。時々洗濯などで使って水を入れ替えるようにし、常に非常用として確保します。風呂の水は溜めておきましょう。

ペットボトルに水を入れて凍らせておくと、停電の時には保冷剤としても使え、溶けた時は飲み水になります。水を入れる時は、中身が膨張するので、少なめにして凍らせます。

トイレのタンクにたまっている水は、水道水として使用できます。

【トイレの備え】

自宅でも断水すれば水洗トイレは使用できません。汲み置きの水があっても集合住宅の場合、建物内の下水管の無事が確認されるまでは水を流さないようにしましょう。便器にかぶせるポリ袋と汚物の凝固剤がセットになった家庭用簡易トイレがあります。生理用品、紙おむつなども必要に応じて揃えておきましょう。

【食料の備え】

「缶詰のご飯」「アルファ米」はすぐ食べられる主食として便利です。副食となるものも備えます。乳幼児がいる家庭は粉ミルクやおやつも忘れずに用意しましょう。非常食としてパンの缶詰もあります。賞味期限に注意して、時どき食してあまり古くならないうちにいれかえるようにしましょう。味の濃いものはひかえましょう。

【燃料の備え】

ライフラインのなかでガスは、ガス漏れの点検との関係で復旧が遅くなります。卓上カセットコンロと燃料があれば、自宅で避難生活をおくるときは特に、食事のバリエーションが増えます。インスタント食品、レトルト食品で温かいものが食べられます。

【停電等に備える】

懐中電灯は、大型から小型まで用途を考慮し、電池の大きさが違うタイプを所持するようにします。予備の電池も用意しておきます。たまに故障や電球が切れていないか確認をしましょう。ＬＥＤ電球のものや、太陽光とＡＣアダプター両方で充電できる商品が発売されています。計画停電の体験から、懐中電灯には蛍光テープをはり暗くなったときでも置き場所がわかるようにしておきましょう、ランタン型はテーブルに置いて使用でき便利です。

【けがや病気に備える】

切り傷、火傷、打撲と骨折などに応急的処置ができるものを備えます。地震後は体調をくずしやすいので、常備薬として、鎮痛剤や整腸剤、風邪薬なども救急箱に入れるか、非常用の持ち出し袋などに入れておきましょう。薬には有効期限がありますので、点検する必要があります。

現在、治療中の病気がある方は、かかりつけの医師と相談してください。

【あると役立つ、アウトドア用品】

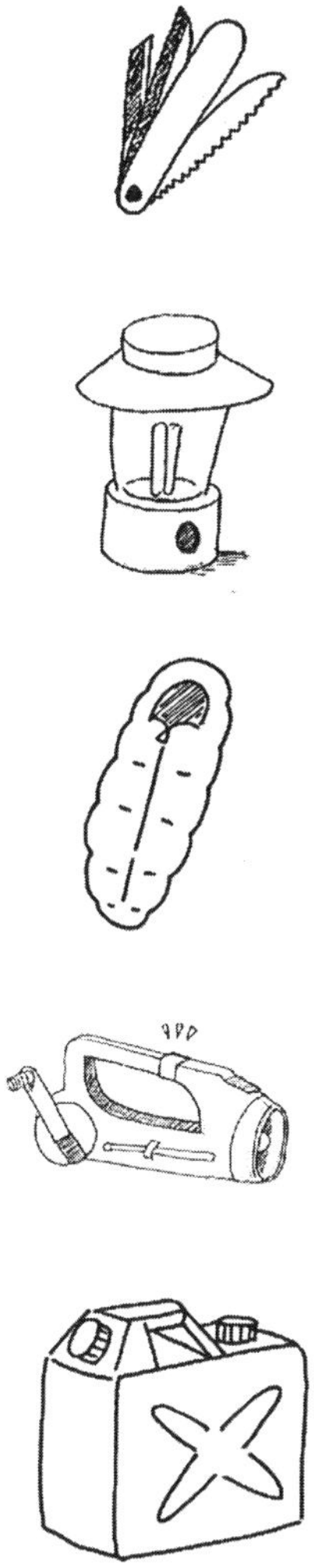

まずは　身の安全

○テーブルや机などの下に入る。
　室内のどこが安全かを確認しておく。
○座布団など身近なもので頭を守る。
○冷蔵庫・食器棚・家具などから離れる。
○乳幼児や高齢者を守る。
○互いに声をかけあう。
★笛は身につけておくか、身近なところに。
★寝室では寝ている時に手の届くところに、懐中電灯を。

揺れがおさまったら……


初期消火と避難をします。揺れているうちは火に近づかないようにしましょう。

わが家の安全を確認したら隣近所の安否を確認し、お互いに助け合って行動しましょう。

長期的に避難するかどうかは、住民防災組織などと情報交換をして判断してください。
★落下物で足にけがをしないようにスリッパなどの履物をはいてから行動をする。
○室内のガラスの破片に気をつけよう。
○窓や戸を開けて出口の確保
○ガス漏れがないか確認して、ガスの元栓をしめる。
○電気ブレーカーを切る。
○外に出る時は帽子を（落下物や粉塵対策に帽子、ヘルメット、マスク、眼鏡、タオルなどを身につける）

【エレベーターの使用】
○エレベーターで揺れを感じたら、すべての階のボタンを押す。
○エレベーターに乗っていたら、停止した階で降りる。
○扉が開かない場合は非常ボタンを押し、呼び出し装置で連絡して救助を待つ。
○避難する時は、絶対にエレベーターを使用しないで階段を利用する。

災害用伝言ダイヤルやメールの活用

【災害用伝言ダイヤル　１７１】
災害時は、離れた場所にいる家族などに連絡を取りたいが、電話やメールは多くの人がいっせいに使用するためにつながりにくい状況になります。そのような場合に役立つのが災害用伝言ダイヤル（１７１）です。保存期間は、２日間です。

【災害伝言板メール】

ＮＴＴドコモ、ＫＤＤＩ、ソフトバンクで利用できます。災害発生とともに携帯電話のトップ画面に「災害用伝言板」が表示されると使用できます。また、インターネット端末からアクセスできる「災害用ブロードバンドＷｅｂ１７１」は携帯電話やパソコンからアクセスできます。いずれも、毎月１日、９月の防災週間、１月の防災とボランティア週間に体験利用ができます。事前にやってみましょう。


【その他の連絡ツール】

電話、携帯メールがまったくつながらないような状況でも「Twitter」のサーバーはダウンしないので、災害に関する情報も得ることができます。

ただし電池の消耗が早いので、充電できるものを忘れずに用意しましょう。

【　持ち歩くと緊急時に役立つ　】

□笛
□身分証明
（健康保険証、写真つきのもの、血液型）
□家族等の連絡先を書いたもの
□キャッシュカード
□ビニールカッパ
□携帯電話、充電器
□携帯ラジオ
□小型の懐中電灯
□マスク
□帽子
□ふろしき
□ビニール袋
□タオル
□小銭（公衆電話用に 10 円玉も）
□水、チョコレート、飴、カロリーメートなど
□絆創膏、鎮痛剤

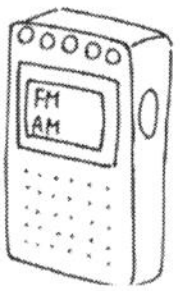

●風呂敷は、物を包む、寒いときは肩や膝にかける、けがをしたときは縛る、下に敷く、切り裂いてつないでロープの代わりにするなど、1 枚の布ですが、いざというときは便利に使えます。
●地図、携帯用のビニールカッパ、水筒なども検討しましょう。水筒にはできるだけ水を入れて持ち歩きます。飲み終わったペットボトルの空き容器も役に立つことがあります。
乳幼児がいる場合、おんぶひもを持ち歩きましょう。ベビーカーでは動きがとれないこともあります。
●ヒールの高い靴で歩いている人は、災害時に移動する際は危険です。ヒールを折って歩くということも考えなければなりません。底が厚手の軽いシューズを携帯するとよいでしょう。
職場にはスニーカーを置いておきましょう。
●家族等の電話番号は紙に書いたものも持ち歩きましょう。携帯電話内の登録だけに頼っていると携帯電話の充電切れや故障などの時に番号がわからず連絡がとれない場合があります。

【　自宅避難の準備　】

□飲料水
（1人1日3リットル）ペットボトル
□生活用水　　　ポリタンク
□食料
（アルファ米、フードドライ食品、缶詰など）
□簡易トイレ
□携帯ラジオ
□懐中電灯と予備電池
□充電器（手巻き式、ソーラー式など）
□ナイフ・缶切り・栓抜き
□カセットコンロと予備ボンベ
□紙皿、紙コップ、キッチン用ラップ
□トイレットペーパー・ティッシュペーパー
□ビニール袋（厚手のもの、大きいものなど）
□ライター（マッチ）
□マスク、軍手（革の手袋）、帽子（ヘルメット）
□雨カッパ
□救急薬品（絆創膏、消毒液、包帯、ガーゼなど）
□常備薬（風邪薬、胃薬、整腸剤、鎮痛剤など）
□清涼飲料の粉末
□ドライシャンプー
□おしりふき、身体ふき、ウエットティシュ
□使い捨てカイロ
□ロープ、ひも
□ガムテープ
□ふろしき、さらし、綿のシーツ
□油性マジック、紙
□貴重品
（身分証明、キャッシュカード、お金など）
●女性や乳幼児
□生理用品
□粉ミルク・ほ乳瓶・おやつ
□紙おむつ

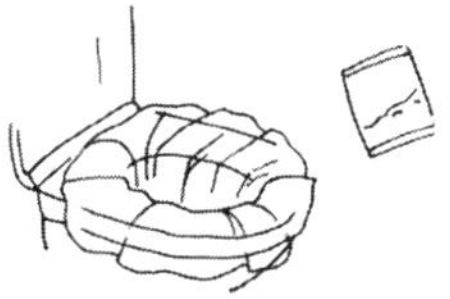

町会・管理組合・自治会などの地震対策としては、まちの点検と住民のコミュニティづくりが大切です。個人の家と町内にある建物の耐震補強や防災マニュアルに基づく防災訓練の実施、備品の用意など、災害を意識して計画や予算をつくり、実行していくことが求められます。

繰り返し情報発信をして、徹底をしていくことが大切です。日常的な安全も確保されますし、災害という非常時にも、そうした日ごろの積み重ねが威力を発揮します。
また、災害時に情報を得やすい場所として、学校、区役所の出先機関などが考えられます。日ごろからそうしたところと連絡をとったり、できる範囲で協力したりして、顔の見える関係を築きましょう。

特に自宅に大きな被害がなければ避難所に行って生活するより「自宅避難」のほうが楽です。しかし、救援物資などは避難所に届きますので、町会、管理組合、自治会で食料や物資の確保のためにも、連絡体制を整えて、場合によっては避難所に常駐する体制も組まなければなりません。行政から情報や救援物資等が届くようにしておくことが肝心です。

電話やメールも大切な情報源ですが、対策本部の設置や町会の掲示板の活用、災害用の掲示板の設置、放送システムなど、情報の発信と集約ができる環境を整えておきましょう。

★使用期限のあるものは注意する

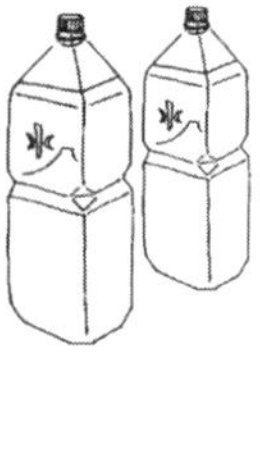

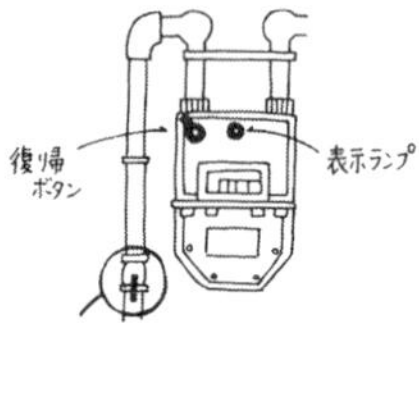

★マイコンメーターの復旧の仕方がわかるようにします。避難する時や外出時はガスの元栓と電気のブレーカーを切ります。

【　地震に備える一町会・管理組合などで準備　】

□大型懐中電灯、乾電池
□腕章
□無線機
□ヘルメット
□ハンドマイク
□ホイッスル
□ホワイトボード・専用ペン
□ガムテープ
□マジック・模造紙
□カッター
□針金
□毛布、タオル
□救急・衛生用品
□折りたたみ式担架
□階段昇降機
□折りたたみ式リヤカー
□投光器
□発電機
□消火器

□水
□トイレ
□配置図
□名簿

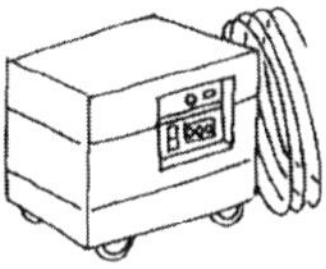

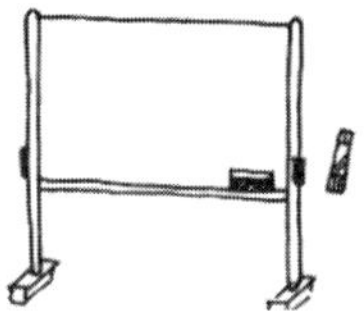

●工具類
□バール
□ペンチ
□斧
□ハンマー
□スコップ
□のこぎり
□ジャッキ

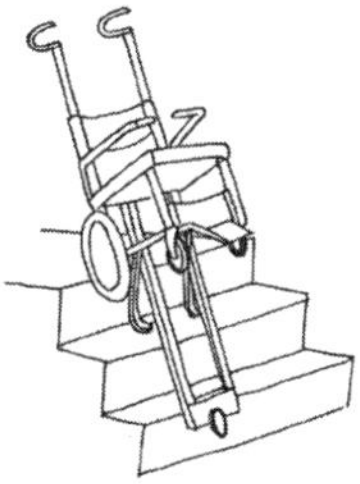

【参考文献】

『東京の地震を考える』(日本科学者会議編, クリエイト社, 1968年6月)
『災害とのたたかい 住みよい国土をめざして』(大屋一恵遺稿集刊行の会, 1997年12月)
『災害に強い都市づくり』(大屋鍾吾・中村八郎共著, 新日本出版社, 1993年8月)
『地震・火災に強い家の建て方・見分け方』(設計協同フォーラム編, 講談社, 1995年12月)
『地震とマンション』(西澤英和・円満字洋介共著, ちくま新書, 2000年12月)
『大震災100の教訓』(兵庫県震災復興研究センター編, クリエイツかもがわ, 2002年8月)
『大震災10年と災害列島』(兵庫県災害復興研究センター編, クリエイツかもがわ, 2005年1月)
『マンションの地震対策』(藤木良明, 岩波新書, 2006年9月)
『東京問題』(柴田徳衛編著, クリエイツかもがわ, 2007年2月)
『津波てんでんこ—近代日本の津波史』(山下文男著, 新日本出版社, 2008年1月)
『世界と日本の災害復興ガイド』(兵庫県災害復興研究センター)
「世界と日本の災害復興ガイド」編集委員会編, クリエイツかもがわ, 2009年1月9月)
『対策マニュアル—自然災害「イザという時の」の備えに』(全国災対連発行, 2009年9月)
『災害ユートピア』(レベッカ・ソルニット著, 高月園子訳, 亜紀書房, 2010年12月)
『大地震に備える「マンションの防災のマニュアル」』(千代崎一夫・山下千佳共著, 2011年9月)
『災害に負けない「居住福祉」』(早川和男著, 藤原書店, 2011年9月)
『「災害救助法」徹底活用』(兵庫県震災復興研究センター編, 2012年1月)
『建築とまちづくり』(新建築家技術者集団発行, 82・5号, 95・6号, 95・8号, 96・1号, 97・1号, 05・1号, 05・3号, 05・4号, 11・9号特集)

コンビナート災害からいのちと生活を守る

——コンビナート災害を起こさないための防災・安全対策住民会議などの結成を

『地震と津波』編集部
牛田　憲行

一　コンビナートには液状化と大災害の危険性

二〇一一年三月一一日の東北地方太平洋沖地震では、千葉県市原市のコスモ石油製油所の液化石油ガス（ＬＰＧ）タンクから可燃ガスが漏洩して爆発炎上、その後5回の爆発が起き、17基すべてのタンクに延焼して、三月二一日一〇時一〇分に鎮火するまで10日間も燃え続けました。

気仙沼港が火の海となった火災も、最初は津波で押し流されていた漁船の燃料タンクに引火したのがたちまち燃え広がっていったと言われていますが、重油、軽油、ガソリン等を貯蔵する気仙沼港の屋外貯蔵タンクの23基中22基のタンクが地震と津波によって破損して油が流出（２００リットル入りドラム缶約5万７０００本分の油が流れ出たと推計されている）、ほとんどの油が燃え尽きるまで12日間も鎮火せず、気仙沼の鹿折地区の民家の多くが類焼し、津波で助かった命までうばわれたのです。焼失面積は10万平方メートルに及びました。

コスモ石油の火災も、火災が可燃ガスによるため、タンク内のガスがすべて燃焼しつくすのを待つしか鎮火の対策を講じる術がなく、放水を継続することで周辺への延焼を防止しながら、10日間、手をこまねいてガスが燃え尽きるのを待つしかなかったのです。

東北地方太平洋沖地震と津波によって発生したこの二つの大火災の恐怖は記憶に新しいことでしょう。

二〇〇三年九月二六日の北海道十勝沖地震の際には、地震直後に苫小牧の出光興産の原油タンクから出火、爆発・炎上し、3万キロリットルの原油を燃やし尽くしました。二日後には、最初に火災炎上したタンクから200メートルほど離れたナフサ（粗製ガソリン）タンクから出火、44時間にわたって苫小牧の空を赤く焦がしました。

一九九五年一月一七日の兵庫県南部地震の時は、神戸市東灘区のコンビナートの多数の屋外タンクが液状化用）によって傾き、2万キロリットルのLPGタンクからガスが漏れ出して火災が発生し、ガスが燃え尽きるまで1週間燃え続けました。

コンビナートは大半が、海岸沿いの埋立地に建造されています。液状化問題が発覚したのは一九六四年ですから、埋立地に建造されているほとんどのコンビナートには液状化対策が講じられていないのです。つまり全国各地のコンビナートは、地震や津波によっていつでも液状化が起こりかねない状態にあり、液状化によってタンクが傾いたり壊れたりすると可燃ガスが漏洩し、大火災にいたる危険をはらんでいます。そして、ひとたび火災が発生したら消火する手立てはほとんどなく、可燃性のものが燃え尽きるまで燃え続けるしかないのです。

このたびの東北地方太平洋沖地震と津波では、東北地方だけでなく全国各地で深刻な液状化問題が発生し、改めて、各地のコンビナートの安全性の問題がクローズアップされています。

東京湾沿いのコンビナートのように、住宅地とそれほど離れていないコンビナートもあり、私たちは対岸の火事と見逃しているわけにはいきません。どのような対策を立てるべきか考えてみました。

一　コンビナートの実態把握と災害軽減対策

①　安全のための防災・安全対策住民会議（仮称）などの結成

コンビナートで働く人たちと周辺住民と担当地域の行政とでコンビナート災害を起こさせないための「防災・安全対策住民会議（仮称）」のような住民組織を結成し、安全を求める総点検運動を展開することが有効です。

② 危険物の実態の把握と被害予測

コンビナートには、高圧ガス、液化石油ガス（LPG）、液化天然ガス（LNG）など可燃物によって満杯になったタンクが林立しています。いずれも1度火が着くと消すことは非常に困難であり、苫小牧の火災を起こしたナフサ（粗製ガソリン）などは、わが国では消火できた実績が皆無です。化学物質製造原料、製造過程における毒ガス、毒性物質などのタンクも少なくなく、事故が起これば海洋や川に流失したり、風にのって広範囲の地域を汚染しますので、危険きわまりないといっても過言ではないでしょう。

これらのタンクの内容物、所在、分量を調査し、記入したコンビナートのハザードマップを作成し、すべての情報を公開して、情報を共有する必要があります。

③ 予測される最大規模の地震・津波によって発生する災害からの防災対策

コンビナート周辺の活断層[用)]を総点検し、予測される液状化についても専門家に依頼して正確に把握し、最大規模の地震・津波に襲われた時の危険な状況を具体的に想定しておきましょう。そして、そこからどのようにいのちと財産を守るかについて、地域の具体的な防災対策を練る必要があります。住民主導で市町村に働きかけて、地域の具体的な防災の方針を立案し、コンビナートの各企業にも終始徹底をはかります。防災は人任せでなく、住民一人ひとりが自分の命と家族を守る防災の専門家になっていくことが大切です。

④ 危険物タンクを耐震化・対津波化タンクに改善する

土壌の液状化によって側方流動（地盤が水平に移動すること）が生じることが施設やタンクの損壊・破断などを起こさせて可燃物や危険物を漏洩させ、大事故を招くと言われています。すでに損壊しているタンクなども少なくないとも報じられています。

タンクそのものについては、現在すでに二〇一七年までに改造を義務づけられている新法タンク（地震対応の強化）への前倒し実施を要求すると同時に、すべてのタンクの耐震強化を行う必要があります。具体的には、スロッシング（内容液の液面揺動）対策として、現在のタンクの大半が採用している浮き屋根式タンク（油の上に蓋が乗る構造）を廃して、インナーフロート（浮屋根式タンクに屋根を付ける二重構造）タンクへの改造を義務付けることは、火災防止に有効です。

つまり、インナーフロート式タンクでは、これまでの浮屋根式タンクでは、地震の長周期振動によって内容物（油）のスロッシングが生じて破損したり、浮屋根を押し上げることによって油の漏洩が生じがちであったのを防ぐことを目的として造られました。もちろん、フロート（蓋）と新設する屋根の間の空間には不活性ガスの封入を行う必要があります。

この工法は、スロッシングによって、タンク内壁とフロートの長時間の摩擦による静電気火災を起こさせない対策にも有効であり、漏洩した可燃物がフロート上に飛散するのを防止するためにも有効であるとされています。

地盤の液状化が原因で生じる地盤沈下や側方流動によって、配管や配管の結合部、配管架台などが傷つけられたことが火災の原因になった例もあります。配管とその周辺部の綿密な点検も重要であるといわなければなりません。

⑤ すべての危険物タンクの保安・点検

大型タンクには、定期的に開放させて点検することが義務づけられていますが、５００キロリットル未満のタンクは義務づけられていません。可燃性の物質や毒物・危険物が入っているタンクは大小の区別なく、すべてを定期的な保安点検の対象にすることを行政に働きかける必要があります。

ＬＮＧタンクは、いかなる条件でも約マイナス１６０℃での管理が求められていますが、停電などの場合、一定の温度での管理が果たしてできるか、きびしく確認しておく必要があります。またLNGガスは危険物の範疇から除外されていますので消防法が適用されず、常圧での貯蔵であることから高圧ガス法の適用も受けず、貯蔵タンクの開放点検頻度の設定もありません。マイナス160℃での管理が行えなくなると、とたんに事故の危険性も存在するLNGガスですから、このような例外的な取り扱いでなくきちんとした法規制を要求していく必要があります。

⑥ 護岸対策と避難道路の確保

側方流動が防げることで土壌の液状化を防止するのに有効であるとされている鋼板を埋め込んで護岸の強化を行い、同時に海岸から海寄りにコンビナートを囲む形で非常用公設道路の建設を行えば、コンビナート、特にタンクを海から引き離すことができて、津波の影響を減らすことができます。

火災や毒物流失につながるタンクの事故を減らすことになると同時に、働く人たちが避難するための非常用公設道路を確保でき、加えて災害発生時に公設消防車などが事故現場に到着するためにも有効な道路になるはずです。

三　担当する行政機関の一本化をはかる

現在は、危険物の担当は各市町村の消防署の担当、高圧ガス関係は県の消防署の担当、LNGガスは経済産業省の担当というように所管行政機関がまちまちであるうえに、「石油コンビナート等災害防止法」では、対策本部長は知事、その下に現地本部長として各市町村長が付く形になっていて、行政的縦割りまで存在しています。さらに、コンビナートが広大な場合は、所属市町村が複数にまたがることもあります。

災害の低減を図るためのチェック・指導を担当する行政機関がこのようにばらばらでは、防災の指導・方針も徹底できにくいので、担当する行政機関の1本化をはかり、行政指導が有効に効果を挙げられるように提案します。

四　コンビナート地域と住宅地域を分離し、災害の拡大を遮断する

コンビナートは、一朝事あるときには甚大な規模の災害が予測されますが、コンビナートの中の各企業は高い塀や有刺鉄線によって隔絶されていて相互に行き来する通路もなく、ましてや協力し合い助け合う態勢はほとんどありません。そのために、ある一角で火災な

どが起きると、燃えるものが燃え尽きるまで止むことがないのです。このように危険なコンビナートであるので、住宅地域に災害が及ばないように、コンビナート地域と住宅地域を分離させて、災害の拡大を遮断する必要があります。

コンビナートと住宅地域の間に十分な空間を確保し、貯水槽や防火壁、防災シェルター、スプリンクラーなどの防火設備を完備させ、防災遮断壁や防災遮断帯などを設置させるなど、住宅地域を守る十分な対策を講じることを、コンビナートと行政に要求する必要があります。また、万が一の事故に備えて、避難経路や避難場所をあらかじめ確保しておくことも重要です。

コンビナートが津波などに襲われたような場合、直接的な火災が生じないときでも、可燃性ガスや毒物・危険物をかぶって汚染した海水が住宅地に押し寄せるということを想定し、また、破損したタンクから漏洩した毒物・危険物が風にのって住宅地までしのび寄る危険を想定し、そのようないのちや健康を損なう災害を被らないために油断なく、万全の方針を掲げていく必要があります。

そして、住民を守るために関係法令の法改正や特別立法、コンビナート防災計画の立案・立法化なども進めていかなければならないでしょう。

用語解説

アウターライズ地震（アウターリッジ地震）

海溝は海が深い場所であるが、その外側（大洋側）では海底が少し盛り上がっており、アウターライズと呼ばれる。これは海洋プレートが沈み込むとき、下方向に曲げられたことにより発生している。プラスチック製の下敷きなどの薄い板の半分を机の端から出して下に曲げると、机の上の部分が上に凸になるのと同じ弾性板の挙動である。この時、プレートの上半分には横方向の引っぱりの力が働くため、正断層が発生する。これがアウターライズ地震である。

一九三三年の昭和三陸地震（M＝8・0）のように巨大地震になる場合もある。また断層は陸地から遠いので地震動は弱くても大きな津波が来る可能性がある。また、東北地方太平洋沖地震のように沈み込んでいる部分で大きな地震が起きると、沈み込みを加速したことになるので、アウターライズの地震が起きやすくなるとも考えられている。実際余震として、多くの地震が発生している。

アスペリティ　（6頁の「コラム」参照）

断層面上で強い地震動を発生する場所とそうでない場所がある。金森博雄等は、強い地震動を発生する場所は断層がより強く固着していた部分と考え、摩擦の研究で使われる物質表面の出っ張りの名称であるアスペリティという言葉を与えた。

その後の研究でこうした場所は、断層運動を繰返した場合でも位置が変わらないことなどが分かってきた。そのため海溝型地震の断層には、固着部分と地震を起こさないでゆっくりと滑りが起きている部分とがあると推定されてきた。こうした固着部分をアスペリティと呼ぶようになった。

東北地方太平洋沖地震では、東北地方の沈み込み帯にあると想定されていたアスペリティを超えて、それよりはるかに大きな領域が大きく滑った。そのため、従来のプレート境界のモデルの大幅な改良もしくは別のモデルが模索されている。

液状化

地質学的にみて、若い堆積物がある低地や埋め立て地などでは、砂粒子などの間に広い隙間があり多量の水が含まれている。通常は、粒子間の摩擦つまり固着力で枠組みを作り、固体のように振る舞っている。しかし、強い地震動で揺られると、間隙にある水の圧力が上昇し摩擦力を弱くする。そして全体として泥水のようになり流動的になる。これが液状化である。液体と同じなので、地形の高い部分から低い方へ流れたり、噴水のように吹き上がったり、マンホールなどを浮力で浮き上がらせたりする。

建物の基礎、道路そして埋設されたライフラインなどに大きな影響を与える。また堤防の沈下や崩壊などにもつながる危険性がある。

応力場

固体内部で働く力は1点にかかるわけではないので、単位面積あたりの力として応力を定義する。面を考えることで少し面倒なことが起きる。それは力が働く方向だけでなく、面の方向も考えなければならなくなるからである。同じ応力の状態でも、面の向きを変えると働く力が変わることになる。例えば岩石のブロックを上下に押したとき、内部に水平面を想定するとそこには圧縮力がかかるが、垂直面では、むしろ引っ張り力になる。プレートが押し合うことなどから地殻内部には応力がかかっており、断層運動を引き起こしている。

応力は、空間的にも時間的にも変化しているので「場」という全体の様子を表す言葉がついている。断層面をずらすように働く応力が、断層を固着させている力（これも応力の形で表せる）を超えると、断層運動が起きる。また同じ応力場でも、断層の方向により力の大きさが異なるので、運動しやすい断層とそうでない断層とがある。

海底地殻変動観測システム

陸上ではGPSや測量などで地殻変動を計ることができるが、海底では電波が届かないので、測定が難しい。そこでいくつかの新しい方法で測定しようとする研究が行われていて、実用段階になりつつある。その一つは、GPSで海上の船の位置を測定し、船と海底の基準点を音波で結んで、基準点の位置の変化を検出するものである。もう一つは海底においた水圧計により、海面までの高さを計るものである。海面は長時間平均すればほぼ一定の位置にあるので、海底の上下変動を精密な圧力計で測ることができる。現在、日本近海では、東北沖、駿河湾、紀伊半島沖、沖縄沖などで、GPSを利用した方法による測定が行われている。東北沖の計測では、東北地方太平洋沖地震の際の大きな変動を断層の真上で捉えることに成功した。

海溝型地震

太平洋プレートなど海洋プレートが大陸プレートの下に沈み込む場合、二つのプレートは境界面でズレが起きる。このズレが時々起こる時地震となる。一方、沈み込みが始まる場所では海が深くなり海溝ができる。よって沈み込みにともなうプレート境界での地震は海溝近くで起きることになるので、海溝型地震と呼ばれる。プレート境界の広い部分が断層運動を起こせるので、大きな地震となる場合が出てくる。海域で起きる多くの（超）巨大地震はこの型の地震になる。ただし、海溝付近ではプレート境界だけではなく、アウターライズ地震（別項参照）や沈み込むプレート内部での地震で大きな地震も起きる。これらは狭い意味の海溝型地震からは除かれる。

活断層　（7頁の「コラム」参照）

野外調査などで、過去数十万年の間に活動したことが確認できる断層を活断層としている。要は最近活動した断層は将来も活動すると考えるからであるが、どのくらい長い期間動かなかった断層がまだ活きているかは不明である。現時点で研究者は数十万年を一つの目安としている。ただ原発関係では十数万年程度を目安としている。

また将来活動しそうな断層のすべてが分かっているわけではなく、まだ未知の断層が多数あると考えられている。

活断層の見直し

東北地方太平洋沖地震後、従来、活断層でないと考えられていた断層が活動を始めた。これは東北地方太平洋沖地震により地殻内の応力状態が大きく変化したためである。よって、これまで活断層ではないとされてきた断層も、活断層である可能性を検討する必要が出てきた。

なお、これとは別に、従来知られている活断層の大きさ以上に、地下での断層サイズが大きいのではないかと考えられる点に関しても、見直しが進みつつある。もし断層が知られている以上に大きいと、地震災害が大きくなるので、真の大きさを知ることは重要になる。

金森の式

地震の規模を示すマグニチュードは、従来の方法で推定した場合、地震が大きくなると正しく規模を表せなくなるという重大な欠点を持っている。この点を改良するため、金森博雄は、断層運動の規模を表す地震モーメントMoからモーメントマグニチュードMwに換算する次の式を提案した。

Mw=（log Mo -9.1）／1.5

基本的には、地震モーメントの対数がマグニチュードに換算される。モーメントの単位はNm（ニュートン・メートル）である。

ガル　cgs単位系（長さにセンチメートル㎝・質量にグラムg・時間に秒sを採用した単位系）の加速度の単位。1ガルは毎秒（cm/s^2）1センチメートル。ガリレイの名にちなんでつけられた。

基準地震動（Ss）・新基準地震動（Ss）

施設の耐震設計において基準とする地震動で、敷地周辺の地質・地質構造ならびに地震活動性等の地震学および地震工学的見地から、施設（原発の施設も含まれる）の供用期間中に稀ではあるが発生する可能性があり、施設に大きな影響を与えるおそれがあると想定することが適切な地震動のことである。

逆断層（7頁の「コラム」参照）

傾斜している断層面を境にして、断層の上にある部分が他方に乗り上げる形の滑りをする断層を指す。一番強い力（応力）が垂直な面に対して水平に働く圧縮力である場合（応力は面と力の方向を指定するのでむずかしい表現であるが、要は水平に推す力が強い場合）に起きる。東北地方太平洋沖地震をはじめとする、沈み込み帯のプレート境界面で起きる断層運動はこのタイプである。また東北日本の内陸部ではこの逆断層が多い。このタイプの断層をなぜ「逆」と呼ぶかは不明であるが、おそらく最初に断層の概念を考えたヨーロッパでは、断層の上の部分が滑り落ちるような断層（正断層の項目参照）が普通だったからであろう。

共振

ほとんどの物体は特定の周期で揺れる性質を持っている。家やビルなども同様の性質を持っている。ビルなどでは揺れのパターン（モード振動の項目参照）によりいくつかの周期で揺れることができる。こうした周期は固有周期と呼ばれている。この固有周期と同じ周期で地面が揺れ続けると、その振動が増幅されていき大きな揺れになる。これが共振である。真偽は定かではないが、牛若丸が指一本で力を繰り返し加えることで鐘を揺らしてみせたというが、共振により大きな揺れを起こすことができる。

一方、地盤は連続体であり固有周期とは呼ばないが、やはり特定の周期で揺れやすい性質を持っている。地盤の周期とビルの周期が一致し、また地震周期の揺れが長く続くと、共振の効果が大きくなる。そのため断層から遠くても、地盤の性質とビルの構造（高さ）によっては大きな揺れになり、ビルに被害が出る可能性がある。特に高いビルでは長周期地震動の周期と一致する場合が出てくると考えられる。

なお一般の木造家屋では固有周期は1秒以下であるが、強震時には同様の共振が起きると考えられる。ただ大きく揺れると固有周期も変化するようであり、倒壊に至る過程は複雑である。

グーテンベルグ・リヒターの関係（法則）（GR関係）

地震の規模と発生数の間に規則性があり、大きい地震ほど数が少ないことをグーテンベルグとリヒターが発見した。同じことを石本巳四雄・飯田汲事が独立に発見したが、マグニチュードという概念を利用したGR関係のほうが分かりやすく、こちらで議論することが普通である。

地震の規模と数の関係は、例えば陶器の茶碗が割れた場合、大きなかけらは少ないが、細かいかけらは無数に出ることに対応している。地震の場合、マグニチュードが1増えると（断層の長さにして3倍大きくなると）数は約十分の1に減る。

験潮所・検潮所

潮位つまり刻々と変化する海水面の高さを測定するための施設。気象庁の場合に検潮所と呼んでいる。潮汐の他、海抜の基準決定、波浪・高潮そして津波などの観測も目的としている。長期間の観測からは、海水準の変動や上下の地殻変動なども検出できる。現在全国で２００ヵ所程度の場所で観測がなされている。

コア領域

学術用語ではないが、最も現象が激しい部分をコア（核とか芯という意味）領域と表現している。東北地方太平洋沖地震の津波では、非常に高い津波を発生させた領域が想定される。本書で都司嘉宣はこの部分をコア領域と呼んでいる。

固有地震説

断層帯の中で個々の断層領域があり、その断層運動が毎回あまり変わらない形で繰り返すと考える説。

実際東海から南海にかけての沈み込み帯では、三つくらいの断層領域が１００～２００年間隔で繰り返しているように見える。

定常的なすれ違いが起きているプレート境界などでは、特定の領域が地震を繰り返す地震発生モデルは理解しやすい。しかし地震の起こり方は複雑で、まったく同じ規模・性質の地震が繰り返すのは少ないとする考え方もある。

地震調査研究推進本部

地震防災対策特別措置法に基づき設置された文部科学省の特別の機関である。地震の調査・研究に関する業務を一元的に担っており、調査研究の成果を関係機関に提供することで、地震による被害の軽減を目指している。

下部組織として有識者らによる政策委員会、地震調査委員会が置かれ、その配下にも、多様な部会やワーキンググループなどが設置されており、それらを通じて知見の集積がなされている。

沈み込み帯

海洋プレートが陸のプレートの下に沈み込む場所は、例えて言えばベルトコンベアー式の動く歩道の最後の部分のようなものである。移動してきたベルト（プレート）は上に乗った人間（海底で溜った堆積物）を前方の床（陸のプレート）に移し替え、多少のゴミ（堆積物の一部）は床下に持ち込む。歩道の終わりの直線的な部分が海溝軸になる。もしベルト部分と床部分に引っかかりがあれば、歩道の末端部分はガタガタすることになる。これが地震に相当するであろう。

射流と常流　（第2章57頁参照）

水の流れる速さが水の波の速さよりも大きければ射流といい、逆の場合を常流という。台所の流しに水が落ちるとき、水は比較的薄い層状に広がり、ある距離まで行くと突然盛り上がるから、蛇口から落ちる水流のまわりに円形の水の壁ができる。流しで見られる水のジャンプは射流から常流に変わったとき起こる。このジャンプの場合、円形の水が打つ側は水が浅く、水の波の速さは小さいので流れは射流となり、面積が限られているが流れが速く力が強くなっている。円の外側では水は深いから、水の波の速さは大きく、流れは常流となっている。

通常の津波は常流とよばれ、水位が高くてゆっくりと流れるが、東日本大震災の津波では、水位が低く、高速で破壊力が強い射流によって大きな被害が生じたと、本書の著者である都司嘉宣が分析し報告している。

地震モーメントM_o（134頁の「コラム」参照）

最近の震源の研究では断層運動の規模として、主に地震モーメントM_oという量が推定される。この量は、断層の面積S、平均滑り量D、そして周りの岩石のバネ定数（剛性率）μの三つを掛け合わせた量、$M_o = \mu DS$ になっており、断層運動の規模を表すことが一目瞭然である。

多くの地震において応力降下量（地震の発生前と発生後での断層面上における応力の変化）と剛性率の比率はほぼ一定とみなせるから、地震の放出するエネルギーと地震モーメントはほぼ比例するといえる。この考えから地震 モーメントに基づいた地震の規模を定義することが可能でモーメントマグニチュードと呼ばれる。

GPS（全地球測位システム）

多数の人工衛星からの信号を受信して、受信機の位置を精密に測定するシステム。位置の分かった衛星から、送信した時の時刻が分かる電波が送られてくる。複数の衛星の情報から各衛星までの距離が計算できるので、それらの距離が説明できるような場所として観測点の位置を求めることができる。衛星がすべて上方にあるため、水平方向の位置は正確に決まるが、上下方向には精度が悪い。

静穏化現象

大きな地震が起きる前に付近の地震活動が低調に

なるという事例がいくつか報告されている。　余震が起き続けているとき、大きな余震の前に活動が低下することもある。こうした現象を静穏化と呼んでいる。その発生機構は明らかになっていないが、統計的なアプローチで地震発生の予測を行えるのではないかと期待して、研究が進められている。

正断層　（7頁の「コラム」参照）

地殻にかかる応力のうち、水平に押す成分の大きさより上下に押す成分が大きい時に起きる断層が正断層である。断層の上にある領域が、断層に沿って滑り落ちる方向に動くことになる。逆断層と反対の動きである。

前震　（前駆的地震活動）

大きめの地震が起きる前に、より小さい地震が発生することがあり、前震と呼ばれる。木の枝を折る場合、ミシミシというような音をたてたのち枝が折れるように、何らかの前駆的な破壊が起きることを表している可能性がある。ただ偶然に大きい地震の直前に発生した地震と、本質的に断層運動が起きることと関連した地震、つまり本当の前震が区別できるかという問題がある。

セグメント

元は「部分」を表していることから分かるように、一連の断層帯や沈み込み帯をより狭い断層単位に分けた領域をいう。ブロックなどと呼ぶ場合もある。個々の断層単位がある程度独立して運動することが想定されている。固有地震などを考える場合は、こうしたセグメントが念頭にある。これまでの地震の発生などから、日本付近の沈み込み帯では、多数のセグメントが想定されている。

遡上（高）　（第2章57頁の図2‐4参照）

津波の高さについては本文でも触れているが、いろいろな場合に分けた高さが出てくる。まず海域での波の振幅としての津波の高さがある。陸上では、この高さの数倍の場所まで水が到達することがある。実際に被害をもたらすのはこうした陸地を遡上する津波である。陸上で流れる水の水面の高さは、浸水高と呼ばれる。建物などでは水流がぶつかり、浸水高よりもやや上まで痕を残す場合もある。そして流れた水の勢いで斜面などを駆け上がった高さが遡上高である。海岸の地形と山側の傾斜などにより、非常に高い地点まで水が達する場合がある。

段波（第2章55頁参照）

津波は前面の進み方に比べて後が早いので、水が前面の上に被いかぶさるように追いついてくる。その結果、津波の最前面の前は普通の海であるが、そのすぐ後は段を作って盛り上がる。そしてはるか後まで海面は高いままであり、いわば海に高い水の段差ができて、それが陸地に進んでくる現象をいう。

長周期地震動

断層運動により放射される地震動は、幅広い周波数を持っている。体に感じにくいので気づかれることが少ないが、数秒から数十秒の周期を持つ波も大きな振幅を持っている。東北地方太平洋沖地震の際には、日本の広い範囲で、こうした比較的長い周期の揺れが感じられたはずである。大きい地震ほどこうした長周期の地震波の成分が大きくなる。また、平野部などでは、この波が閉じ込められたようになって、長時間揺れ続ける場合もある。かつては巨大な建築物がなかったので、こうした長周期の地震動で共振を起こす物は少なかったが、現代では深刻な問題となりつつある。

直下型地震

物理学的な面からの地震の分類ではないが、地震の危険度からくる分類である。人間が住む地域の真下で浅い部分に断層がある場合を指す。すぐ下に断層があるので大きな被害を出しやすい。必ずしも内陸部で起きる地震だけとは限らない。想定されている東海地震などでは、静岡県では海溝型地震であるともに直下型地震ということになる。

津波堆積物

津波が遡上した場合、海や海岸付近から運んできた砂礫などを陸上に堆積させる場合がある。また砂礫だけでなく、同じく津波で運ばれた海の生物の遺がいや海岸付近の草木、そして人間の使用していた物なども含まれうる。これらは過去の津波を調べることに利用できる。

堆積場所は、普通の土地の場合もあれば、窪地や池などの場合もある。普通の土地ではその後浸食で消える場合もあるが、窪地や池ではそのすぐ上を別の堆積物が被いやすいので、保存されやすいようである。実際、高知大学の岡村眞等は、西南日本の池を中心に精力的な研究を進めている。

堆積物の空間分布は、津波の高さや津波襲来の範囲などを推定するのに利用できる。運ばれた礫のサイズや堆積層の厚さは、過去の海岸の位置・地形や潮汐の状態などを考慮する必要があるが、津波の規模を推定するのに利用できる。

津波波源域

地震の震源が海底にあるとき、震源近くの海底が変動して津波が起きる。津波の発生に関与した領域のこと。波源域は、震源断層の形状を反映しており、多くの場合、楕円形で近似される。

寺田寅彦（一八七八〜一九三五）

物理学者・東京帝国大学教授・理化学研究所主任研究員・地震研究所専任研究員・航空研究所も兼務。旧制五高時代から夏目漱石に師事。独自の科学随筆を多く書いた。一九三三年三月の昭和三陸津波に際して書いた「津浪と人間」で「しかし困ったことには『自然』は過去の習慣に忠実である。地震や津浪は新思想の流行などには委細かまわず、頑固に、保守的に執念深くやって来るのである。科学の方則とは畢竟『自然の記憶の覚え書き』である。自然程伝統に忠実なものはないのである。それだからこそ、二〇世紀の文明という空虚な名をたのんで、安政の昔の経験を馬鹿にした東京は大正十二年の地震で焼払われたのである」。一九三四年一一月の「天災と国防」には「しかしここで一つ考えなければならないことで、しかもいつも忘れられがちな重大な要項がある。それは、文明が進めば進む程天然の暴威による災害がその激烈の度を増すという事実である」と書いている。これらは3・11以降の我々の実感をみごとに言い当てている。自然科学と文学という二つの領域で輝かしい業績を残した、文理融合の人物の著作の再読が震災後進んでいる。

電離層の電子数異常

地球の高層大気は宇宙線や太陽光により原子から電子が分かれる電離が起き、電子の数が他の場所より多くなる領域があり、電離層と呼ばれる。電波の伝わる速度は電離層中の電子の量に応じて変化する。GPSの観測では衛星からの電波を利用しており、この速度が変わると測定に影響が出る。この影響を逆に使うことで、電子の量の変動を計ることができる。北海道大学の日置幸介は東北地方太平洋沖地震の前に電子の量が異常な変動をしたことを発見した。地震と電離層の間の因果関係は不明であり、これが前兆現象であるという確定はなされていないが、他の大きな地震でも同様の現象がみられており、興味が持たれている。

ドップラー効果

音波などの波を発生する音源が移動している場合、音源が止まっていたときと違う周波数に聞こえる。例えば近づいてくる救急車の緊急音と離れていく場合の音とは音の高さが変わって聞こえる。このような現象をドップラー効果という。地震の場合も地震波を強く放射する部分が断層運動の拡大にともなって移動するので、同様の効果が現れる。また厳密な意味でのドップラー効果以外にも、断層の破壊が進む方向では地震動の継続時間が短縮され、単位時間当たりのエネルギーが大きくなるなどの効果も、

「ドップラー効果」と呼ぶ場合もある。

トラフ

元の意味は家畜用の細長い水桶のようなものをさすが、転じて海底にある細長い溝状の構造をさす。海溝も細長い溝であるがこちらはトレンチを使う。トラフはトレンチ（海溝）より浅いものに使われる。駿河沖や南海道沖ではトラフが使われるが、東北沖や琉球沖ではトレンチ（海溝）が使われる。なお沖縄トラフというのは、琉球列島の北西側の海（黄海側）にある溝状の地形を指す。

日本三大実録

『日本三代実録』は、平安時代の日本で編纂された歴史書で九〇一年に成立。序文によれば、勅撰の六国史の第六にあたり、国の役人の人事・行事・地震・疫病などについて記されている。

三陸地震の記事は、巻十六の貞観一一年五月のところにある。

バネ定数（剛性率）μ

力を加えたとき力に比例した変形をし、力がなくなると完全に元に戻る性質を弾性と呼ぶ。バネはこの性質を利用している。岩石は弾性を持っている。

弾性をあらわすのにいくつかの定数がある。それらを弾性定数と呼び、バネとの連想でバネ定数という場合もある。その一つが剛性率である。これは物質をねじったり、直方体の箱の形をゆがませる（昔は「マッチ箱」を潰すようななどと言ったが）時の弾性体としての硬さに相当する。

断層運動では、周りの岩石にこのような変形が起きるので、断層の力学を考えるとき、重要になる弾性定数であり、地震モーメントでは、この剛性率が現れる。

パラダイム変換

パラダイムという言葉は多様な意味で使われるが、ここではある学問分野で定説とされていることとしておこう。細かい事例の定説ではなく、学問分野の大きな枠組みの定説である。

地震学を例にすると、プレートテクトニクスとアスペリティなどの概念、そして地震の起こり方の経験などに基づいて、プレート境界での巨大地震が起きる機構について学会内で議論の基礎となる共通した考え方ができていた。教科書にも書かれ、講義でもその内容を「理解すべき事実」として教える。これがパラダイムといえよう。

しかし、東北地方太平洋沖地震の発生は、これまで使ってきた「枠組み」では説明できない。つまり、これまでの枠組み（パラダイム）は何かが間違っていたはずであり、新たな枠組みを作る必要がある。そして、いずれそうしたものができるはずである。このようなことを、パラダイム変換などと呼ぶ場合がある。

比較沈み込み帯学

地球上の沈み込み帯の総延長は数万kmある。日本付近だけでも数千kmになる。これらの沈み込み帯がまったく同じ性質を持つはずがなく、地域性があるはずである。それらの個性を調べて特性を明らかにすることをめざしている。

地震に関していえば、各沈み込み帯で特徴的な地震の起こり方があるかなどが、興味の中心になる。もし沈み込み帯間での違いが、海洋や陸のプレートの性質の差として理解できるならば、プレートテクトニクスはより豊かな体系になるので、それを期待して研究が行われている。

表面波

岩石は弾性をもっているので波が伝わることができ、弾性波と呼ばれる。断層運動によって発生した弾性波が地震波である。物体中を伝わる弾性波としてはP波とS波の2種類がある。もし物体に表面があると物体内部とは条件が異なる。そのため表面付近だけ振幅の大きい波として、表面に沿って伝わる波が起こる。これが表面波である。通常S波よりも伝わる速度が遅い。3次元的に拡がるP、S波と異なり2次元的に拡がるので、遠くまであまり減衰しないで伝わることができる。

長周期地震動と呼ばれる波は、表面波が主成分である。周期20秒付近や200秒付近では、とくに振幅が大きく、マグニチュードや地震モーメントの決定に利用される。超巨大地震では、周期200秒付近の表面波が地球を何周もするのが観察される。

伏在断層

活断層は、その定義から地表の観察などから確認できる断層である。しかしながら、活動可能な断層すべてが発見・確認できるわけではないことは活断層の項目でも述べてある。

地下深部にある断層は、活断層だと認識されにくい。このような断層を伏在断層と呼ぶ。地球物理的探査などにより、大きな地震が発生する以前に存在の可能性が指摘される場合もあるが、大きい地震が起きて初めてそこに「伏在」していたことが分かる場合が多い。

プレート（4頁の「コラム」参照）

地球の表面にある厚さ100km程度の「硬い」殻のような性質をもった岩盤をプレートと呼ぶ。地球全体では10数枚のプレートを考える。プレートとは、本来「板」を意味しているが、当然のことながら球殻状である。地表近くでは低温であることなどから、岩石はその下の部分に比べて硬くなり、変形が起きにくくなることからプレートとなる。こうした部分をリソスフェアとも呼ぶが、これは地球の層構造を考えたときの構造区分としての名前である。

「プレート」は、その堅さや動きにより、地表付近で、さまざまな地質現象を起こす機能をもった物にたいする名前である。プレートテクトニクスは、このようなプレートの形成・運動・消滅の過程により、地表のさまざまな現象を統一的に理解する理論である。

プレート沈み込み

プレートの中でも海洋プレートと呼ばれるプレー

トは、陸のプレートより平均密度が大きい。また海のプレート自体も、時間が経過すると冷え、その熱収縮により平均密度が大きくなる。よって海のプレート、とくに年齢の高いプレートは、マントルに沈み込む傾向を持つ。そのため、海のプレートと陸のプレートが衝突すると、海のプレートが陸のプレートの下に潜り込み、そのまま下方へ沈み込んでいくと考えられる。

プレート境界の固着

プレートの沈み込みが起きるとき、当然のことながらプレートは、周りの岩とすれ違うことになる。しかし、その速度は年間数cmであるので、ほとんど止まっているような状態である。そのため境界部分の性質によって、いろいろなすれ違い方が起きる。極端な場合の一方は、まったく抵抗がなく滑らかにすれ違うような場合であり、他方は、完全に固着している場合である。

実際の沈み込みでは、この中間の状態の部分が多いと考えられている。固着しているかどうかは断層運動、つまり地震が起きるかどうかに直接関係する。固着の強い部分がアスペリティだと考えられていた。

東北地方太平洋沖地震の断層では、広い部分が強く固着していたのであるが、そこで大きな地震が起きていないこともあり、固着していないと考えられていた。

プレート境界地震

隣り合うプレートは、その動く方向や速度が異なっている。そのため境界では、必ずすれ違いか沈み込みなどが起きることになる。すれ違う境界では、必ずしも滑らかではなく、上で述べた固着が起きる。そのため、境界に沿った断層で地震が起きる。境界は長いので、それに沿って非常に大きな断層運動が起きることが可能である。水平方向にすれ違う部分では、横ずれ断層の運動が起き、沈み込む部分では、逆断層の運動が起きる。海溝型地震と呼ばれるのは後者のタイプである。

マグニチュード

　地震の規模を示す物差しとして、地震波のエネルギーを利用すればよいのであるが、エネルギーを測るのは難しい。そこでリヒター（Richter）が、一九三〇年代に、地震波の最大振幅を利用したマグニチュードを定義したのが始まりである。元もとは南カリフォルニアの小さい地震に対して考えたものであるので、特殊な定義であったが、その後それに合わせるようにして、いろいろなマグニチュードの推定法が提案された。

　日本では、気象庁の方式で計算される値が気象庁マグニチュード（M_{JMA} と書く）として公表されてきた。これら通常使われるマグニチュードには問題がある。一つは、その物理的な意味が不明確だという点である。実際に決定されたマグニチュードと断層の大きさを比べてみると、マグニチュードは（おそらく最初の狙いであったろう）地震波のエネルギーの対数ではなく、ほぼ断層面積の対数に対応している。もう一つの問題点は、断層がある限度以上に大きくなると、マグニチュードの推定値が一定の値になってしまうという点である。

　こうした欠点は、地震モーメントという断層運動の物理的意味が明確な量から換算される、モーメントマグニチュードM_wにより解決されている。

モード振動

　有限の大きさを持つ弾性体は、固有の振動をする。振動は、とびとびの周期とそれに対応した振動の空間分布（よく揺れる場所と揺れない場所がどこにあるか）を持っており、一つ一つをモードと呼ぶ。

　大きなビルでも、こうした振動は起きる。例えばビルの場合、基礎が止まっていて、ビルの上階ほど左右に大きく揺れるモードがあり、一番長い周期で揺れる。次に長い周期の振動は、例えば30階建てのビルの場合、基礎がほぼ止まっていて、10階付近が左、20階付近が静止、そして30階が右というような振動をする。周期が最も長い振動を1次モードと呼び、順に2次、3次モードなどとする。また1次モードを基本モード、そして2次モード以降を高次モードと呼ぶ。

高いビルの場合、1次や2次モードの振動周期が数秒であり、大きな地震の際の長周期地震動成分と共振を起こす可能性を持っている。

モーメントマグニチュードMw

金森博雄により提案されたマグニチュードであり、地震モーメントから金森の式により換算される。それまでのマグニチュードの欠点であった、断層が大きくなるとマグニチュードが正しく求まらないという欠点をなくすことができる。また、過去に得られたマグニチュードのデータと一緒にして、議論できるという利点もある。地震モーメントが30倍になると、マグニチュードが1大きくなる。

誘発地震

東北地方太平洋沖地震の直後から、日本各地で地震が起き始めた。断層付近で同様のことが起きれば余震と呼ばれるが、距離があるため便宜上、余震と区別して「誘発された」と表現されている。しかし明確な区別はない。少なくとも断層から遠い地震は誘発と呼ばれるが、これらも含めて「広義の余震」と呼ぶべきかも知れない。

このような地震の誘発が起きる機構は、さまざまであると考えられる。一つは、大きな断層運動によって地殻が変形するので、内部の応力状態が変わる。その結果、それまで滑り運動を起こせなかった断層も、運動を起こせる場合が出てくる。例えば断層運動を起こす方向の応力が大きく増加して、断層の強度を超えれば運動（地震）が起きる。また断層面を垂直に押す応力は、摩擦力を強くして断層を動かしにくくしているが、この垂直応力が弱くなれば摩擦力がへり、断層運動が起きやすくなる。このような機構で地震が誘発されていると考えられる。

横ずれ断層　（7頁の「コラム」参照）

断層を境にして、両側が水平方向に動く場合を横ずれ断層と呼ぶ。この時の応力場は、水平に押す応力（例えば東西方向と南北方向の2方向で押す場合を考える）のうち一方が最大で、もう一方が最小であり、上下方向に押す応力が両者の中間になっている。逆断層や正断層では最大と最小の組み合わせが、水平方向一つと上下方向になっている点が、横ずれ断層と異なっている。西南日本の内陸の地震では、横ずれ断層が多い。

余震

大きな地震が起きると、直後から、その付近で地震が多数発生することはほとんどの人が経験していることであろう。これを余震と呼んでいる。

同様に、離れた場所で誘発地震と呼ばれる地震も発生する場合があるが、実はどこまでが余震でどこからが誘発地震なのかは分からない。誘発地震の項で述べているように、全体を広義の余震と呼ぶべきかも知れない。

そもそも余震がなぜ起きるのかについては、よく分かっていない。断層運動による応力場の大きな変化により、周りの小さい断層で運動が起きる場合もあるはずであるが、断層内部の滑り残しのような領域が遅れて運動する場合も考えられる（これもその領域で応力が増加したからであるが）。

地震直後の余震が密集している領域（余震域）は、ほぼ断層と同じ領域と考えられ、断層の大きさを推定するのに有効である。また通常の場合、余震の中で最も大きい地震のマグニチュードは、本震のマグニチュードより1強小さい。余震数は、時間にほぼ反比例して減る。

連動型（超）巨大地震

複数のプレート境界型巨大地震が各々の固有の領域にまたがって連動して一つの（超）巨大地震として発生すること。

東北地方には連動型の地震が起こった記録が少なかったので無警戒であったが、東北地方太平洋沖地震は、M9・0の超巨大連動型地震であった。

「地震と津波関係」HP リスト

アメリカ合衆国地質調査所 USGS　http://www.usgs.gov/
アメリカ合衆国海洋大気庁 NOAA　http://www.noaa.gov/
ドイツ気象庁　http://www.dwd.de/
国土地理院　http://www.gsi.go.jp/
気象庁　http://www.jma.go.jp/
気象庁気象研究所　http://www.mri-jma.go.jp/
海洋研究開発機構　http://www.jamstec.go.jp/j/
産業技術総合研究所活断層・地震研究センター http://unit.aist.go.jp/actfault-eq/
防災科学技術研究所　http://www.bousai.go.jp/
中央防災会議・防災対策推進検討会議　http://www.bousai.go.jp/jishin/chubou/
文部科学省　http://www.mext.go.jp/
地震調査研究推進本部　http://www.jishin.go.jp/
日本地震学会　http://www.zisin.jp/
日本地理学会　http://www.ajg.or.jp/
東北地方太平洋沖地震・日本地理学会災害対策本部
http://www.ajg.or.jp/disaster/201103_Tohoku-eq.html/
北海道大学地震火山研究観測センター　http://www.sci.hokudai.ac.jp/isv/
東北大学地震・噴火予知研究観測センター　http://www.aob.geophys.tohoku.ac.jp/
東京大学地震研究所 広報アウトリーチ室　http://outreach.eri.u-tokyo.ac.jp/
名古屋大学地震火山研究センター　http://www.seis.nagoya-u.ac.jp/
京都大学防災研究所　http://www.dpri.kyoto-u.ac.jp/
九州大学地震火山観測研究センター　http://www.sevo.kyushu-u.ac.jp/
東北地方太平洋沖地震津波に関する調査および情報集約のためのサイト
http://www.coastal.jp/ttjt/
南海トラフの巨大地震モデル検討会・中間まとめ（2011.12.27）
http://www.bousai.go.jp/jishin/chubou/nankai_trough/chukan_matome.pdf
南海トラフの巨大地震モデル検討会
http://www.bousai.go.jp/jishin/chubou/nankai_trough/nankai_trough_top.html
全国災対連　http://www.zenkoku-saitairen.jp
新建築家技術者集団　http://www..ne.jp/asahi/shinken/tokyo
住まいとまちづくりコープ　http://www.sumaimachi.net

「地震と津波関係」参考文献

『地震と噴火の日本史』（伊藤和明，岩波新書） 2002. 6

『三陸海岸大津波』（吉村昭，文春文庫） 2004. 3

『津波防災を考える「稲むらの火」が語るもの』
（伊藤和明，岩波ブックレット No.656） 2005. 7

『日本の地震災害』（伊藤和明，岩波新書） 2005.10

『津波てんでんこ —近代日本の津波史』（山下文男，新日本出版社） 2008. 1

『津波災害 —減災社会を築く』（河田恵昭，岩波新書） 2010.12

『千年震災 —繰り返す地震と津波の歴史に学ぶ』
（都司嘉宣，ダイヤモンド社） 2011. 5

『地震の日本史 —大地は何を語るのか』（増補版，寒川旭，中公新書） 2011. 5

『NHK サイエンス ZERO 東日本大震災を解き明かす』
(NHK サイエンス ZERO 取材班・古村孝志ほか，NHK 出版) 2011. 6

『震災復興の論点』（室崎益輝・都司嘉宣・立石雅昭ほか,新日本出版社） 2011. 6

『天災と国防』（寺田寅彦，講談社学術文庫） 2011. 6

『東日本大震災の教訓—津波から助かった人の話』（村井俊治，古今書院） 2011. 8

『三連動地震迫る —東海・東南海・南海』（木股文昭，中日新聞社） 2011.10

『巨大地震と巨大津波 —東日本大震災の検証』
（平田直・佐竹健治・目黒公郎ほか，朝倉書店） 2011.11

『日本の津波災害』 伊藤和明 岩波ジュニア新書 2011.12

『みんなを守るいのちの授業 —大つなみと釜石の子どもたち』
（片田敏孝，ＮＨＫ取材班，釜石市教育委員会，ＮＨＫ出版） 2012. 1

『液状化の脅威』（叢書「震災と社会」11 回中第 1 回，濱田政則，岩波書店）2012. 3

「巨大津波が襲った 3.11 大震災」（河北新報社） 2011. 4

「緊急特集：東日本大震災」（古今書院）『地理』 (2011 年 6 月号)

「『次』にひかえるＭ９超巨大地震」(ニュートンプレス)『Newton』別冊 (2011. 7)

「特集:東北地方太平洋沖地震の科学」（岩波書店）『科学』 (2011 年 10 月号)

「特集:日本列島をおそった歴史上の巨大津波」（岩波書店）『科学』(2012年2月号)

「迫る巨大地震 最悪のシナリオは何か」『日経サイエンス』
（日経サイエンス社） (2012年 2月号)

さ行

索引（「用語解説」にあるもの (※)）

あ行

か行

た行

ま行

や行

ら行

わ行

な行

は行

立石　雅昭（たていし　まさあき）
1945 年生まれ　新潟大学名誉教授　理学博士　新潟県原子力発電所の安全管理に関する技術委員会委員　専門：地質学
共著：『震災復興の論点』『地震と原子力発電所』『自然の謎と科学のロマン』（新日本出版社）

千代崎一夫（ちよざき　かずお）
1948 年生まれ，住まいとまちづくりコープ代表
マンション管理士，防災士，電気工事士，新建築家技術者集団東京支部幹事，防災問題を考える首都圏懇談会事務局長，
2009 年新建賞正賞『ビンテージマンション・ビンテージ団地』を受賞
著書：『マンション管理士が教えるだまされない鉄則 100』（講談社）
共著：『大地震に備える‼マンションの防災マニュアル』（住宅新報社）ほか

山下　千佳（やました　ちか）
1960 年生まれ，住まいとまちづくりコープ役員
防災士，福祉住環境コーディネーター，愛玩動物飼養管理士
新建築家技術者集団東京支部幹事，新建東日本大震災復興支援会議事務局次長
2009 年新建賞正賞『ビンテージマンション・ビンテージ団地』を受賞
共著：『大地震に備える‼マンションの防災マニュアル』（住宅新報社）ほか

牛田　憲行（うしだ　のりゆき）
1945 年生まれ，愛知教育大学名誉教授，理学博士
専門：物理学，『日本の科学者』常任編集委員

『地震と津波』執筆者のプロフィール

山崎　文人（やまざき　ふみひと）
1947年生まれ，名古屋大学地震火山研究センター（非常勤），
博士（理学），専門：固体地球惑星物理学

古本　宗充（ふるもと　むねよし）
1951年生まれ，名古屋大学地震火山研究センター教授
理学博士，専門：固体地球物理学，
「日本近傍の超巨大地震」『科学』（2011年10月号）
「東海から琉球にかけての超巨大地震の可能性」『地震予知連絡会会報』（78号，2007）

鷺谷　　威（さぎや　たけし）
1964年生まれ，名古屋大学減災連携研究センター教授
博士（理学），日本地震学会東北地方太平洋沖地震対応検討臨時委員会委員長，専門：地殻変動学，
著書『日本海東縁の活断層と地震　テクトニクス』（分担執筆，東大出版会，2002）

鈴木　康弘（すずき　やすひろ）
1961年生まれ，名古屋大学環境学研究科教授，総長補佐（防災担当），
東北地方太平洋沖地震・日本地理学会災害対応本部幹事長，博士（理学），
専門：変動地形学・自然地理学，
著書：『活断層大地震に備えて』（ちくま新書，2001）ほか

都司　嘉宣（つじ　よしのぶ）
1947年生まれ，独立行政法人 建築研究所 特別客員研究員，前東京大学地震研究所准教授，理学博士
専門：津波，古地震学．
著書：『千年震災』（ダイヤモンド社，2011），
『知ってそなえよう！　地震と津波 ナマズ博士が教えるしくみとこわさ』（素朴社，2007）

地震《じしん》と津波《つなみ》—メカニズムと備《そな》え

2012年6月20日　初版第1刷

編著者　日本科学者会議《にほんかがくしゃかいぎ》
発行者　比留川　洋
発行所　株式会社　本の泉社
〒113-0033　東京都文京区本郷2-25-6
電話 03-5800-8494　FAX 03-5800-5353　http://www.honnoizumi.co.jp/
印　刷　音羽印刷株式会社
製　本　合資会社　村上製本所

ISBN978-4-7807-0653-6　C0036